NF文庫
ノンフィクション

海軍フリート物語[激闘編]

連合艦隊ものしり軍制学

雨倉孝之

海軍フリート物語〔激闘編〕——目次

第三章　太平洋戦争下の艦隊（１）……113

第四章　太平洋戦争下の艦隊（2）……201

海軍フリート物語［激闘編］

——連合艦隊ものしり軍制学

第一章　日華事変下の艦隊（1）

一連空の渡洋爆撃

盧溝橋におこった銃声の衝撃波は、しだいにひろがって、艦隊にもおよんできた。

海軍もむろんそうだったが、政府と陸軍中央部は事件の不拡大方針を決定し、そのように努力していた。だが、現実には、現地では拡大の方向に向かって動いていった。海軍でまっさきにその波をかぶったのは、当然のことながら中国に駐留している長谷川清中将の第三艦隊だった。

長谷川司令長官が最初、心をつかったのは、揚子江流域の重慶をはじめ漢口、九江、南京などに住むわが居留民を、万一のばあい、ぶじに上海へ引き揚げさせることにあった。

七月下旬になると、華北方面の中国軍の動きはいっそう活発になった。海軍は昭和一二年七月二八日、長谷川長官に、「中支那及南支那方面ニ於ケル帝国臣民ノ保護並ニ権益ノ擁護ニ任ズベシ」との命令を下した。

二九日に、在留邦人二〇〇名が惨殺される〝通州事件〟が発生し、三〇日、長谷川中将はただちに居留民全員総引き揚げを命令する。

すでに、谷本馬太郎第一一戦隊司令官は、麾下の砲艦部隊を揚子江すじに待機させてあったので、実行にぬかりはなかった。「比良」が八月一日に、重慶から邦人二九名を乗せて出発したのを手始めとし、日清汽船の商船や駆逐艦も使用して、八月九日までに流域全員の上海への引き揚げを完了した。ぶじ成功。これは長谷川シチ、谷本シカの決断と準備によろしきを得たからであった。

　戦火はついに上海に飛び火した。さきほどのべた大山大尉・斎藤水兵惨殺事件が、八月九日に起きたのだ。そして一三日早朝、中国軍はわが上海陸戦隊の警備線全線にたいして攻撃をかけてきた。長谷川長官は即座に応戦を命ずる。翌一四日には三F旗艦「出雲」、陸戦隊本部、総領事館などに爆撃をくわえてきた。

北京郊外の盧溝橋。中日全面戦争の発端となった場所

　戦いの火は、一気に炎を立ちのぼらせた。中央は松井石根《いわね》陸軍大将を軍司令官とする上海派遣軍を送ることに決定し、海軍も航空部隊、軽快部隊、特別陸戦隊急派をきめた。

　海軍航空部隊ではこんな非常事態にそなえ、盧溝橋に銃声が響いた四日後、はやくも出動の準備がはじめられていたのだ。まず、新鋭・長距離機の中攻部隊「木更津海軍航空隊」と「鹿屋海軍航空隊」とで「第一連合航空隊」を編成し、木更津空は大村基地に、鹿屋空は台北基地へ進出させる。連合航空隊は〝戦隊〟格なので司令官がおかれ、戸塚道太郎大佐（一二月に少将進級）が一連空シカに任命された。

　それから、佐伯空を主な母体とする「第一二航空隊」

と、大村空を母体とする「第一三航空隊」が特設され、この両隊で「第二連合航空隊」も編まれた。二連空は小型機部隊であり、司令官は三竝《みつなみ》貞三大佐（一二月、少将に進級）がその椅子におさまる。

前年の昭和一一年に「特設連合航空隊ハ特設航空隊二隊以上ヲ以テ編制」する制度がつくられており、さっそく適用したわけであった。従来、陸上航空隊はそれぞれ単独で、各鎮守府に所属していた。だが、これまでもたびたび記してきたように、飛行機の進歩、航空術力の向上で航空隊の実力は高まっていた。

そこで、軍艦を数隻あつめて戦隊を編成するように、航空隊数隊を集合して運用し、総合威力をより大きくしようというのが「連空」編成のねらいだった。連合航空隊は、太平洋戦争では空母部隊なみに〝航空戦隊〟を呼称して活躍するのだが、種子はこの日華事変当初にまかれたのだ。

九六式陸攻約四〇機からなる第一連合航空隊は第三艦隊に付属された。八月一四日、その一隊、台北基地の鹿屋空は折から東シナ海上に停滞していた七三〇ミリ（水銀柱示度）の暴風雨をおかし、杭州や広徳の飛行場に空襲をくわえた。翌一五日には木更津空も出動する。天候はいぜん悪かったが、大村を飛びたち、南京と敵の大空軍基地南昌にも足をのばして爆撃した。

これが、世界戦史上でも有名な〝渡洋爆撃〟だ。木更津航空隊はその後、済州島に基地を移動し、鹿屋空ともども、引きつづいて南京、南昌、広東などを空襲し、敵航空部隊の活動を封じていった。

特陸、奮戦す

上海で交戦が始まった八月一三日の前夜、付近に集結していた中国軍は第八八師約二万名、第八七師約一万、計三万名だった。これにたいし、わが方は「上海海軍特別陸戦隊」約二五〇〇名、「呉鎮守府第二特別陸戦隊」「佐世保鎮守府第一特別陸戦隊」計約一二〇〇名、軍艦「出雲」陸戦隊約二〇〇名と、それに第一一戦隊陸戦隊の約一二〇名、合計およそ四〇〇〇名にすぎなかった。

中国軍はさらに増勢し、一六日午後からは七万の兵力を投入して一斉攻撃をかけてきた。これは難戦である。横須賀、呉、佐世保の各鎮守府から、各一コ大隊の増援陸戦隊が到着したのは八月一八日から一九日にかけてであった。それでも十数倍する敵軍と戦わなければならず、在留邦人や日本の施設を護るのに苦戦はまぬがれなかった。

ところで、本〝フリート物語〟は主に艦隊の組織、制度について語っていくのだが、〝特別陸戦隊〟も陸上部隊でありながら、海軍では艦隊の一部を構成する存在だったので、ここでそのシステムに触れてみよう。

〝特陸〟には二通りあった。一つは、いま本節に登場している上海海軍特別陸戦隊がそれで、「海軍特別陸戦隊ハ第三艦隊ニ属シ所在地及其ノ付近ノ警備ニ関スルコトヲ分掌ス」ときめられた部隊だ。部隊長として少将か大佐の司令官がおかれ、参謀長、参謀も配置されていた。

だが、実際には「海軍特別陸戦隊」はいくつもあったわけではなく、この上海海軍特別陸戦隊しかなかった。

上海市北四川路に鉄筋コンクリート四階建ての堂々たる隊舎をもち、定員一九九四名の大部隊だ。したがって、陸戦隊だからといって軽武装ということはなく、小銃・機銃の銃隊大隊のほかに、榴弾砲や山砲、軽戦車や装甲車、機銃つきサイドカーまでもち、陸軍も顔まけするほどの近代的装備を誇っていた。上海という国際都市の警備部隊であると同時に、ただ一つの常設陸戦隊だったので、海軍兵に陸戦隊員としての素養をつけさせる錬成部隊の役目もはたしていた。

もう一つの〝特陸〟が、さきほども顔を出した呉鎮守府第二特別陸戦隊などの「特設鎮守府特別陸戦隊」いわゆる〝鎮特陸〟だ。戦争や事変のさい、急場に間にあわせるため臨時に編成される部隊で、名称のなかに海軍の文字が入らない。といっても、編制の骨格は海軍特別陸戦隊とほぼ同様で、ただ人数的には二〇〇〇名ちかい大部隊もあれば、二、三〇〇名くらいの小さい特陸もあった。部隊の使用目的や作戦方面によって、編制を大小各種に変えていた。

だから、〝上陸《シャンリク》〟のように部隊が永住する立派な隊舎などはなく、所属する鎮守府の海兵団へ必要な人員を集めては隊を編成し、戦地へ出征して行った。そして、任務が終われば解隊されてしまう。隊員も、現役を終わり故郷に帰っていた、予備役からの応召下士官兵を主体にするのが実情だった。

この鎮特陸が制度化されたのは昭和一一年一〇月で、最初に編成された隊は、日華事変勃発による横須賀鎮守府第一特別陸戦隊、呉鎮守府第一、第二特別陸戦隊、それから佐世保鎮守府第一特別陸戦隊の四部隊だった。事変が拡大するにつれ、こういう臨時部隊の増設はますます必要になっていくのである。

さて、八月一八日に上海へ到着した竹下宣豊中佐の横一特、安田義達中佐の呉一特、佐世保から来援の月岡（寅重大尉）大隊と土師《はじ》（喜太郎大尉）大隊の諸部隊は、上陸司令官大川内伝七少将の指揮下に入った。

中国軍は早急な大攻勢を目ざしていたようだ。戦車、装甲車を先頭に押しよせてきて、二〇日から二二日にかけ、陸戦隊とのあいだに激戦が展開されることになった。わが方は力戦奮闘、これを撃退した。二三日には、竹下部隊はウースン鎮に敵前上陸を敢行する。これがきっかけで、第三師団はウースン鎮に、第一一師団は川沙鎮《シャンリク》に上陸して邀撃態勢をととのえることができた。さらに佐四特の一部や各鎮特陸への補充兵員も到着して、ようやく陸戦隊正面は一応の平静を見たのであった。

その間にも、中国空軍はのべ二〇〇機をくり出し、連日、昼夜七、八回も「出雲」に空爆をくわえ、夜には魚雷艇で襲撃してきたりさえした。しかし、「出雲」はガーデン・ブリッジ下流の江岸に横づけしたまま、厳然として動かない。長谷川司令長官は艦上から、孤軍奮闘する陸戦隊を支援しつつ全艦隊の指揮をとりつづけた。

支那方面艦隊編成さる

事変の発生によってつくられた部隊は、連合航空隊や鎮特陸だけではなかった。水上部隊でも、戦隊や艦隊の新設が目立ちだす。長谷川第三艦隊司令長官に防衛の命令が出された七月二八日、それとはべつに、内地でも予備艦船の配置にあったフネを動員して、事変対処用の部隊が編成されたのだ。

まず、巡洋艦「妙高」「多摩」の二隻で「第九戦隊」がつくられ、第三艦隊に編入された。また、軽巡「北上」を旗艦に第二三駆逐隊、第一水雷隊をつけて「第三水雷戦隊」を新編し、これも第三艦隊へ編入だ。もう一つ、軽巡「木曽」の下に第六駆逐隊、第一〇駆逐隊、第一一駆逐隊を置いて「第四水雷戦隊」を編成する。ただし、こちらは吉田善吾中将の第二艦隊の指揮下に入れられた。

ちょっと話をもどす。三F・長谷川中将への防衛命令は、日本軍の華北派兵決定と並行して、「大海令」で発せられたのだが、同時に、永野修身連合艦隊司令長官へも、「大海令」が出されていた。「連合艦隊司令長官ハ第二艦隊ヲシテ派遣陸軍ト協力シテ北支那方面ニ於ケル帝国臣民ノ保護並ニ権益ノ擁護ニ任ゼシムルト共ニ、第三艦隊ニ協力スベシ」と、「連合艦隊司令長官ハ第二艦隊ヲシテ派遣陸軍ノ輸送ヲ護衛セシムベシ」である。

この「大海令」の用語だが、〝大本営海軍部命令〟の略だとする考えがある。しかし、まだこのとき大本営は設置されておらず、また、かつて第一次大戦のさいにも、大本営は置かれなかったのに大海令は発出されていた。だから、〝大海令〟は「大元帥よりの海軍への命令」と解釈したほうがよいであろう。

ともあれ、四水戦を増強された二Fは予定の年度訓練を中止して、〝支那事変勤務〟につった。旅順と大連を基地に、主として黄海と渤海方面を行動する。八月上旬、第五師団と第六師団の華北輸送護衛を行ない、中旬には第一〇師団を上海方面へ急送した。が、護送に従事したのは第二艦隊だけではなく、第一艦隊の戦艦戦隊さえも、陸兵を直接乗艦させて上海沖の洋上まで運び、そこから軽巡へ移乗させて揚陸する協力をしていた。

しかし、事変はいっこうに解決せず、上海方面戦線は膠着してしまった。そこで中央では、あらたに兵力約七万の第一〇軍（軍司令官柳川平助陸軍中将）を編成し、これを杭州湾に上陸させて敵の背後をつく作戦をたてた。

第一〇軍は約一〇〇隻の大輸送船団に分乗、出発するので、護送する海軍も大規模な部隊を準備する必要があった。そのため、増強がつづいて大勢力となっていた第三艦隊から、外洋作戦に適する兵力を抜き出し、一〇月二〇日、「第四艦隊」を編成して、この艦隊で護衛することにしたのだ。いままでのような〝演習用臨時部隊〟ではなく、建制の実戦艦隊だった。司令長官には、のちの大戦中、連合艦隊長官、軍令部総長に就任する豊田副武中将がすわった。編制は、

第九戦隊　　妙高、多摩
第一四戦隊　足柄、天龍、龍田
第四水雷戦隊　木曽、第六駆逐隊、第一〇駆逐隊、第一一駆逐隊

第五水雷戦隊　夕張、第一三駆逐隊、第一六駆逐隊

艦隊旗艦には、重巡「足柄」があてられた。

昭和一二年一一月五日、第一〇軍は第四艦隊援護のもとに敵前上陸を敢行した。杭州湾は潮流が早いうえに干満の差が大きく、とても上陸は不可能と考えられていたので、敵の意表をつく結果となり、作戦は大成功だった。上海を包囲していた第一九路軍は背中をおびやかされ、一一日夜から退却をはじめた。

そして、四F新編と同時に、この第四艦隊と第三艦隊とで「支那方面艦隊」が編成され、その司令長官は、長谷川三F長官が兼務することになった。

八月いらいの、上海周辺の戦闘はこうして一段落をつげたが、事変はなおやまなかった。一一月二〇日には大本営が設置され、陸海軍協同で南京攻略作戦を開始することに決定し、一二月一日に発動するのである。第三艦隊では近藤英次郎少将の砲艦部隊・第一一戦隊を主体に〝揚子江遡江部隊〟を編成する。航空部隊も協力し、近藤部隊は江岸の要塞と戦い、敷設された数千個の機雷と苦闘し、逃走する敵の退路を遮断して陸軍の進撃を支援した。作戦が成功して南京入城式が行なわれたのは、昭和一二年一二月一七日であった。

「第四艦隊」青島占領

盧溝橋事件から早くも半年がすぎていたが、明けた昭和一三年には、ふりかえってみると、

海軍関係でもいくつかの大きな作戦が実施されている。一つは〝青島攻略作戦〟である。

一二年一〇月二〇日、あらたに支那方面艦隊司令長官が本務となった長谷川清・三F長官は、第三艦隊を〝中支部隊〟とし、第四艦隊を〝南支部隊〟にと作戦上の区分をした。南支部隊には海州湾以南の中国沿岸監視任務をあたえ、その以北は第二艦隊が従来のまま、封鎖をつづけることになったのだ。

ところが、事変勃発による「帝国海軍戦時編制」が実施され、第二艦隊は一一月二〇日、内地へ帰ることになった。作戦任務を改めなければならない。南支部隊は〝封鎖部隊〟と改称されて、えんえん三〇〇〇マイルの中国沿岸全域の海上交通遮断に当たるよう命じられた。

封鎖の実効はあがって、中国船舶が自由に出入できる港湾は青島だけとなった。ほかには、自国地であって自国地でない英領の香港、ポルトガル租借地のアモイ、フランス租借地である広州湾が残されているのみだ。

であれば、青島を占拠してしまえば、沿岸封鎖効果はいっそう高まるはずだ。しかも、青島は上海につぐ中国の要港だったので、海軍はぜひとも独自の管理下に置きたいと望んでいた。一二年一二月一八日夜、中国官民の暴発による日本人経営紡績工場爆破事件が起きると、これを契機に、もはや作戦延期は不可であるとして一三年一月七日、大本営海軍部は青島攻略の大海令を発した。陸軍を出し抜き、豊田副武中将の第四艦隊は単独で特別陸戦隊を揚陸し、占領することにしたのである。

旗艦「足柄」と「球磨」ほかが主隊となって全作戦を支援。第四水雷戦隊に護衛された輸送船四隻に揚陸兵力を乗船させ、「能登呂」「衣笠丸」の四航戦と、空母「龍驤」が偵察と陸戦に協力する。攻略のため上陸する部隊は佐世保第五、第六特別陸戦隊、呉一特、横一特さらに四水戦で臨時編成した連合陸戦隊だ。そして、上海海軍特別陸戦隊からも八九式中戦車と砲隊が応援にかけつける、大掛かりな上陸作戦となった。

本作戦を「B作戦」、関係部隊を「B作戦部隊」と名づけた。昭和一三年一月一〇日朝、艦隊は青島湾口の掃海を実施するかたわら、約一〇分間、艦砲射撃を行なったのち上陸を開始した。しかし敵の抵抗はなく、部隊は完全に無血上陸に成功したのであった。

一〇日夕方には、陸戦隊の手で市内の掃討も終えてしまった。初めは協同でと考えていた陸軍側は、油揚げをさらわれた形になってしまい、まことに面白くない。占領後も、現地では、陸海軍間に感情的な対立が長くつづいたようだ。

ところで、戸塚道太郎少将の第一連合航空隊は、一二年八月の渡洋爆撃開始いらい、装備機の特長を生かして大陸の空で活躍をつづけていた。だが、あげた戦果も大きかったが、被害も予想を上回る大きさだった。

事変まえ、全金属製・優速の新鋭九六中攻は、敵の戦闘機など歯牙にもかけないだろうと一部では期待されていた。なのに、一三年二月までに約三〇機という多数機を、かけがえのない優秀搭乗員もろとも失っていた。

これは大ごとである。ほんらい中攻隊は、いざというとき太平洋洋心で、敵艦隊の航空漸減戦に投入するため、つくられ育てられている部隊だ。大陸の作戦で消耗させるわけにはいかない。

そこで、一三年三月三一日、いったん内地へ帰還命令がだされた。GFに復帰して艦隊訓練に従事させ、かつ陸攻要員錬成の手段に供しようとはかったのだ。いっぽう、内地から新手の中攻三〇機が第一三航空隊に配属され、一連空が行なっていた任務を受けつぐことになった。

新編「第五艦隊」広東攻略に

昭和一三年に実施された主要海軍作戦の二つめは〝広東攻略作戦〟である。

いうまでもなく、このオペレーションの目的は、蔣介石総統の国民政府への援助物資中、八割が経由しているとされる〝香港ルート〟を遮断するためだった。香港へ揚げられた軍需品を、中国側は、九龍――広東間の広九線、広東から漢口へ通じる粤漢線によって内陸へ鉄道輸送していたのだ。それは対日抗戦の大動脈である。敵戦力を痛打するにはこのルートの覆滅、なかんずく中枢点の広東を攻め落とすにしくはない。

その目的達成のため、〝甲作戦〟と〝乙作戦〟の二路線の攻撃手段が策定された。甲作戦は、陸軍の主力となる第二一軍（波集団）をバイアス湾に上陸させ、陸路西進して広東を衝こうという作戦であり、乙作戦は、珠江を遡って南側から攻め入ろうとする構想だった。

作戦開始に先だって、海軍では、新たに一三年二月一日付で華南作戦用に「第五艦隊」を編成していた。司令長官は塩沢幸一中将だ。むろん支那方面艦隊に編入されたのだが、これで同艦隊は、第三、第四、第五艦隊から成る一大外戦用フリートとなった。そして、五F新編によって、四Fは華北担当部隊に任務変更された。

さて、輸送船団の海上護衛、バイアス湾敵前上陸援護、珠江遡江戦には第五艦隊が当たることに定められた。海軍では、この作戦を（「Z」号作戦）と呼ぶことにしたが、当時の第五艦隊は、あちこちから寄せ集め、借り集めて概略つぎのような編制になっていた。

第九戦隊　妙高、多摩
第一〇戦隊　天龍、龍田
第八戦隊　鬼怒、由良、那珂
第二水雷戦隊　神通、第八駆逐隊、第一二駆逐隊
第五水雷戦隊　長良、第一六駆逐隊、第二三駆逐隊、第三駆逐隊
第一航空戦隊　加賀、第二九駆逐隊
第二航空戦隊　蒼龍、龍驤、第三〇駆逐隊
高雄海軍航空隊、第一四航空隊その他

新・中型空母「蒼龍」は前年の一二月に竣工したばかりのホヤホヤ艦であった。

第二一軍主力が分乗した一〇六隻の大船団は、塩沢・第五艦隊に護衛されて一〇月一一日深夜、バイアス湾に入泊した。翌一二日、まだ暗い早朝から上陸を開始したが、中国軍部隊はまったく手薄であった。しかも制空権、制海権はわが方が握っており、陸軍部隊はさして強い抵抗を受けることもなく進撃をつづけ、二一日には広東を攻略したのである。結果から

見ると、第五艦隊の護衛も、鶏を裂くに牛刀をもちいた観があった。

他方、脇役の乙作戦は、甲作戦が順調だったため予定をくり上げ、一〇月二二日に発動された。

空母「加賀」艦上の九〇式艦戦と後方は八九式艦攻

珠江江口デルタ地帯には、一五コの砲台をもつ虎門要塞が頑張っていた。だがそれも、のべ一一〇機による爆撃と艦砲射撃で制圧し占領する。部隊は複雑をきわめる水路をさかのぼって行った。珠江は機雷を敷設するのに格好の地勢をしており、かつ沿岸の敵の抵抗を排除しながらの進撃は非常に困難だったが、作戦開始一週間で広東に到着することができた。処分した機雷は三〇三コにのぼった、と記録されている。広東への重要水路確保ここに成る。

昭和一三年度ＧＦは平時態勢

こうして、昭和一三年も、中国戦線の支那方面艦隊は地味で苦労の多い戦いに明け暮れた。そのいっぽう、海軍の本命、連合艦隊は〝平時〟編制のまま、極力〝平時〟の状態を維持し、訓練をつづけようと努力していた。

一三年度のＧＦ兼一Ｆ司令長官は吉田善吾中将である。

第二艦隊シチは嶋田繁太郎中将。ご両所とも海兵三二期生であり、また、当時海軍次官だった山本五十六中将とはクラスメートだった。

すなわち連合艦隊は、すでに事変二年目だったが、いぜん一F、二Fの両艦隊だけで編成されていたのである。ただし、前年の一二年度まで一般に公表されていた「艦隊編制表」は、この年度以後、国民の目に大っぴらにされなくなってしまった。一二年一一月二〇日に大本営が設置され、事変とはいうものの、ちょっとやそっとでは片づかない〝準戦時〟になってしまったからだろう。だが、そのころの資料を探ってみると、GFのうち「第一艦隊」の編制は大体つぎのようであったと思われる。

第一戦隊　陸奥、伊勢、日向
第三戦隊　金剛、霧島
第八戦隊　那珂、由良、鬼怒
第一水雷戦隊　川内
　第二駆逐隊（春雨、夕立、村雨）
　第九駆逐隊（白露、時雨、夕暮、有明）
第一潜水戦隊　迅鯨、伊七
　第七潜水隊（伊一、伊二、伊三）
　第八潜水隊（伊四、伊五、伊六）
第一航空戦隊　加賀、第二九駆逐隊（追風、疾風）

以上、ほぼ間違いないと筆者は考えているが、〝確実〟と言いきれないのが残念だ。第二艦隊の編制については、なおあやふやなところがあるので書き記すのはひかえておこう。

さて、昭和一二年一二月二日、吉田中将は衛兵隊、軍楽隊の〝将官礼式〟の敬礼、奏楽に迎えられて、GF旗艦「陸奥」に着任した。そのとき彼は五二歳、わが海軍史上、最年少の連合艦隊司令長官だったそうだ。

例年のように、所管の母港で整備、補充を終えた第一艦隊所属の各艦は、〝艦隊集合〟の命令で、一三年一月二二日、作業地の佐伯湾へ集まった。いよいよ前期訓練開始である。まずさっそく、前景気を盛り上げるかのように、湾内で〝艦隊前期短艇競技〟が行なわれた。

〝短艇は艦の分身なり〟と考える海軍では、短艇競争《ボート・レース》は艦隊の華とされ、参加各艦は挙艦一致して自艦の短艇を応援する。それぞれの短艇選手《ボート・クルー》は死力をつくして漕ぎまくったが、決勝での結果は「伊勢」が一着、二着、三着を独占する圧倒的完全勝利であった。このときの「伊勢」艦長は、のちにミッドウェー海戦で戦死する山口多聞少将、当時大佐であった。

そのあと、艦隊は本州、九州、四国西南方海面に移動して作業地訓練、洋上での戦技訓練をくりかえしていった。その間には、内地海域をはなれ、中国福州沖と台湾の基隆へ巡航に出かけている。基隆寄港のさいは、台北練兵場で艦隊乗員の大観兵式を挙行した。この外国航海も、平常どおりの慣例訓練作業だ。

前期訓練が終わり、人員の交代や補給のため、いったん母港へ帰った艦隊各艦は、六月後期訓練のため四国の宿毛湾に集合した。ただちに恒例のボート・レースをすますと訓練再開。昭和一二年度の肝心な後期戦技は、事変の勃発でフッ飛んでしまっていた。事変への対処を一応おわった連合艦隊は、そのマイナスを取りかえすためにも、各種戦技や基本演習に力をつくさなければならなかった。孜々《しし》として奮励する。

戦艦戦隊は、緒戦期の大遠距離射撃が演練項目にされた。とりわけ散布界の縮小が目標とされ、各主力艦の最大射程は二万九七〇〇〜三万四六〇〇メートルに安定したようだ。第一戦隊では三万五八〇〇メートルもの間接射撃を実施し、ついで間接射撃から直接射撃への転換、敵に煙幕を張られたときの超過射撃なども研究した。

また、前年、第三戦隊が夜間の大口径砲射撃を実施していたが、一三年度では第一戦隊もくわわり、帝国海軍の主力艦ぜんぶが主砲の夜間射撃を行なうようになったのだ。巡洋艦で照射射撃中の目標に、四〇センチ、三六センチ砲を撃ちこんで撃滅しようとする、わが砲術史上画期的な試みだった。まさに日本海軍は、大艦巨砲主義の絶頂をきわめようとしていたのである。

他方、第八戦隊では、索敵散開、序列占位、追尾触接、緊縮編隊航行といった巡洋艦部隊らしい訓練につとめた。味方主力戦隊の前衛、後衛として敵水雷戦隊を阻止したり、敵主力部隊に追尾して友軍駆逐艦部隊を誘導しなければならないからだ。

後期訓練もほぼ終了した九月中旬、第八戦隊は第五艦隊に臨時編入されて、バイアス湾上陸部隊の海上護衛任務につくことになる。出征したのは第八戦隊だけではない。「加賀」の一航戦は年度はじめから、第一艦隊所属のまま、長谷川支那方面艦隊長官の指揮下に入って華南作戦に従事していた。

ほかの連合艦隊各隊は、年度も終わりにちかい一〇月中旬、華南のアモイを経て馬公に入り、さらに高雄へ入港した。高雄では、港内に碇泊しきれないほどの大艦隊入港は初めてだったので、上下をあげての大歓迎を受けたらしい。

昭和一二年度もそうだったが、一三年度連合艦隊にも、まだ平常の大演習を挙行するほどのゆとりはなかった。いや、GFになかったというより、赤軍編成のための艦艇が中国方面に出動していて、そちらに余裕がなかったといったほうが正しいであろう。

台湾海峡方面への巡航を最後に、昭和一三年度のGFは解散した。

「第五艦隊」海南島攻略支援

ほぼ同じ時期に実施された広東攻略作戦、漢口攻略作戦の成功で、昭和一三年も暮れた。漢口といえば上海から直距離にして約七〇〇キロ、要衝とはいえ〝事変〟だと言いながら、ずいぶん遠くまで日本軍も攻め入ったものだ。

だが、蔣介石政府は南京を陥とされたあと、重慶へ臨時に首都をうつしていた。重慶は漢口からさらに八〇〇キロはある。揚子江も、漢口までは下揚子江とよばれ、増水期には一万トン級のフネでも遡れる。しかし、宜昌から重慶にいたる上揚子江は、川幅も狭まり途中に〝三峡の険〟といわれる難所もあって、とてもそんな芸当はできない。宜昌から先は山また山の山岳地帯なので、地上部隊の進撃は不可能事にちかい。

大本営も、積極的な進攻作戦は停止せざるを得なくなった。となると、蔣政権をダウンさせる手だてとしては〝兵糧ぜめ〟――補給を絶つ以外に方法はない。艦艇部隊による、海上からの締めあげを徹底的に行なうのだ。

広東の陥落で広九線を失った国民政府は、こんどは、仏領印度支那（現在のベトナム）やビルマ国境から雲南省へ通じるハノイ・ルート、ビルマ・ルートを新たに開設して活動させはじめた。敵はまことにしぶとく、したたかであった。ならば運ばれる軍需物資は、またも航空部隊の手で潰さなければならない。

ところが、この陸上輸送路を叩こうにも、こちらに所在するわが方の航空基地は、台湾と、マカオのそばの三灶島《さんそう》にしかなかった。少しょう遠い。もし、海南島に飛行場を設営すれば、ハノイだけでなくビルマ・ルートの攻撃も十分可能だ。海軍は、同島の占領をのぞんだ。

だがそれは、占領希望理由の一部にすぎなかったであろう。まえまえから、海南島には昭和海軍が喉から手の出るほど欲しがっていた石油が埋蔵されていると予想され、ほかの鉱物資源やゴムも豊富だといわれていた。ならば、海軍が独占的に手に入れてしまいたい。これが本心だったのではなかろうか。いっぽう陸軍は、海南島にまで手を伸ばすことは、中国と和平交渉をするときに障害が起きると、反対であった。

が、ともかく陸海軍間に妥協が成立し、占領作戦が決定した。攻略部隊には、陸軍の第二一軍飯田支隊が主力となり、海上護衛、上陸援護には第五艦隊があたることにきまった。そして、南岸地区の占領は海軍が独力で実施し、全部隊上陸時の航空作戦も海軍側が担当することに協定された。

第五艦隊の司令長官は、昭和一三年一二月、近藤信竹中将にかわっていた。海軍はこの作戦を「Y作戦」と呼称し、陸軍と共同して行なう海口《ハイカオ》方面の攻略を「甲作戦」、海軍だけで三亜、楡林方面を占領する攻撃を「乙作戦」と名づけた。

甲作戦では、近藤長官は重巡「妙高」艦上で指揮をとり、護衛部隊には第五水雷戦隊があたった。一四年二月九日おそく輸送船団は海南島北部澄邁湾に侵入し、翌一〇日午前三時に上陸を開始する。保安第五旅など約二九〇〇の中国軍がいたが、ほとんど抵抗せず戦闘はきわめて順調にすすんだ。午前中に海口占領。第四根拠地隊も南渡江を遡江して海口へ到達した。

乙作戦部隊は、横四特、呉六特、佐（世保）八特の三コの鎮守府特別陸戦隊、各八〇〇名前後と、艦船から揚げられた連合陸戦隊だ。この艦船陸戦隊は、九戦隊、一航戦、五水戦、第四五駆逐隊から抽出編成された混成部隊だった。二月一四日午前五時から上陸を始めたが、なんの抵抗もない。その日のうちに、海口とは反対側、南岸の三亜、楡林、崖縣を占領してしまった。

こうして、海南島攻略作戦までで、大口の援蔣ルートはいずれも遮断に成功した。しかし敵は、あたかもねずみが隙間から物を運びこむように、小さな港湾を利用して物資を搬入し、その後も海上封鎖作戦に海軍は苦労するのである。

㊙魚雷による〝槍ブスマ作戦〟

ところで、昭和一四年度の連合艦隊では、年度当初の第二艦隊の編制を眺めてみると、ザッとつぎのようになっていた。

第四戦隊　鳥海、摩耶
第七戦隊　熊野、三隈
第二水雷戦隊　那珂、第八駆逐隊（天霧、朝露、夕霧）、第一一駆逐隊（吹雪、白雪、初雪）
第二潜水戦隊　阿武隈、伊八、第一一潜水隊（伊七四、伊七五）、第二〇潜水隊（伊七一、伊七二、伊七三）
第二航空戦隊　蒼龍、龍驤、第二三駆逐隊（叢雲、東雲、薄雲）

この一般構成は、一〇、一一、一二年度とくらべてみてもとりわけ変わりはない。だが、五月二〇日、重巡「熊野」「三隈」の第七戦隊が一五・五センチ主砲を二〇センチ砲に換装するため艦隊を降りると、かわって、一二年、一三年にできた真っサラの「利根」「筑摩」が第六戦隊を名のって登場してきた。ここ数年間で、第四から第八まで順次、巡洋艦戦隊が艦隊に顔を出すようになったのだが、それもしだいに重巡化していた。そしてじつは、これら重巡戦隊各艦がもつ、十数門の魚雷発射管をより有効に活用しようとする斬新な戦術が、このころ編み出されてきた。

そもそもの契機は、例の九三式魚雷の開発成功にあった。この魚雷についての説明はあまり必要なかろうが、駛走用燃料の石油を燃やすのに、空気のかわりに純酸素を使っている。したがって窒素がないため、燃焼後の排気は炭酸ガスと水蒸気だけになり、炭酸ガスは水に対する溶解度が非常に大きいので、ほとんど航跡をのこさない。かつ、三六ノットなら四万メートル、四八ノットで走らせても二万メートルはとどく、高速・大遠達魚雷だ。しかも、炸薬量は五〇〇キロ。それは、他国には絶対知らせられない、知られたくない驚異的な性能をもつ魚雷であった。

九三式魚雷による斬新な戦術が生まれた。写真は発射管

そこで、昭和八年、〝酸素魚雷〟の製造に成功したわが海軍は、比類のない優秀性をフルに活かし、決戦に先だち砲戦距離をはるかにオーバーする遠距離からひそかに発射して、敵主力部隊の意表をつき大打撃をくわえようと思いついたのである。『海軍水雷史』や当時の水雷部隊幹部の回想によると、その極秘戦法とはあらましこんなふうであったようだ。

昼間、敵味方艦隊は殺気をはらんでたがいに接近して行く。わが方は、砲戦に便利な縦長の戦闘序列に展開しようとする前後、まず前衛の巡洋艦部隊が三万五〇〇〇メートルぐらいの距離から、敵にさとられないよう、必要があれば煙幕で遮断して隠密に九三魚雷を発射する。

通常の巡洋艦だけではない。〝重雷装艦〟と称して発射管を四〇門も搭載する特殊な巡洋艦二隻（現実には軽巡「北上」「大井」の両艦が、昭和一六年秋から暮れにかけて改装完成）も隠密発射にくわわるのだ。したがって、第二艦隊長官の指揮で、一斉に射ち出される総魚雷数はなんと約一三〇本におよぶ。文字どおり、魚雷の槍ぶすまだ。

そして、これらの魚雷群が敵陣に到達する時刻を見はからい、最高指揮官である連合艦隊長官は、到達直前に主力部隊の砲戦開始を命ずる。かぶせた魚雷網の公算命中率はおよそ一〇パーセントを下ることはなく、すくなくとも二五本は命中すると期待していた。とすれば、一挙に一〇隻以上の戦艦あるいは巡洋艦が沈没するか、落伍するだろう。

砲弾が落下しはじめたと思ったら、突如起こった予期しない水面下の爆発に、敵艦隊はかならずや大混乱におちいるに相違ない。これを好機に最高指揮官は「全軍突撃」を下令する。戦艦部隊は砲撃に全力をあげ、巡洋艦部隊は一万メートルちかくまで近接して残った魚雷を発射する。いままで満を持していた水雷戦隊は、巡洋艦の援護を受けながら敵主力の五〇〇〇メートル付近に踏みこんで発射し、全艦隊をあげて敵殲滅を期するのだ。

また、夜襲による漸減戦に、わが艦隊が力を入れていたことはこれまで書いてきたところだが、九三魚雷の採用で、夜戦にも隠密発射戦法が考えられるようになった。

この場合は、味方触接機が確実に敵部隊を捉えておくことが非常に重要だった。その条件下で、夜戦部隊指揮官の第二艦隊司令長官は、麾下部隊に包囲配備を命ずる。包囲法は、「四ツ固め」とよぶ、敵主力の前方左右と後方左右の四ヵ所に、巡洋艦戦隊と水雷戦隊と組み合わせた「夜戦隊」を配置するのが常法だった。だが、兵力の都合によっては、後方左右のどちらかを欠く「三ツ固め」の戦法もあった。

包囲配備が完整したならば、夜戦部隊指揮官の指示で、一斉に巡洋艦戦隊と重雷装艦は隠密発射にうつる。夜間は、発射雷数約一三〇本であった。発射が終われば、夜戦隊は敵との距離をつめ、支援隊である高速戦艦部隊と夜戦隊の巡洋艦群は、敵の警戒部隊を撃破していく。その啓開された突撃路から、水雷戦隊は突入するのだ。駆逐艦の身上は肉迫必中にある。一隻で敵戦艦一隻をたおすことを目標に、照準距離二〇〇〇メートルくらいに近づいて襲撃をかける。

昭和一〇年に正式兵器採用となった九三式魚雷は、一三年度の二F・四戦隊「高雄」型重巡四隻にまず供給された。その後、供給範囲は全艦隊の巡洋艦、駆逐艦へとひろがっていく。したがって、隠密発射に始まる規模雄大な魚雷戦決戦は、一三年、一四年から戦技や基本演習で演練されだしたとみてよかろう。巡洋艦戦隊も水雷戦隊もしだいにこのような新戦法に熟達し、太平洋戦争開始直前には、自信をもって戦闘にのぞみうる域に達していたようである。

艦隊名変更――「遣支艦隊」

もう一度、中国戦線を振りかえってみると、昭和一四年も末にちかい一一月一五日、支那方面艦隊では全面的な編制改定が行なわれた。あらたに〝遣支艦隊〟という名称のフリート

をつくり、

第三艦隊→第一遣支艦隊（華中方面担当）
第四艦隊→第三遣支艦隊（華北方面担当）
第五艦隊→第二遣支艦隊（華南方面担当）

という移行をさせたのだ。そのほか、第一根拠地隊を上海方面根拠地隊にするとか、第一連合特別陸戦隊を青島方面特別根拠地隊にするとかの変更が行なわれている。兵力量はそのままに、内部整頓と整理をはかったようだ。

この改編について、防研戦史『中国方面海軍作戦〈2〉』では、「今回の支那方面艦隊の改編理由は不明であるが、支那事変は持久戦と化しており、しかも対米関係は険悪となりつつある折、太平洋方面の軍備の促進を主眼とし、中国方面海軍作戦は支那方面艦隊に任せきれる態勢を整えるためと推定される」としている。

だが、態勢整備のための兵力整理はわかるとして、ではなぜ艦隊名称の変更をしたのか、旧のままでよかったのではないか？

日本軍では明治四〇年の昔から、もし仮想敵国と戦争になった場合にそなえ、大本営の戦略・作戦指導の基本となる「年度作戦計画」というものを毎年立案し、天皇の裁可を得ることになっていた。ただし、じっさいに許可を得るようになったのは、大正二年以後であったらしい。

そして同時に、海軍では「年度帝国海軍戦時編制」と称する、戦争時の艦隊や鎮守府部隊などの編制表もこしらえておくことになっていた。これも天皇の裁可を仰ぐ。艦隊も平時状態のままでは戦さはできない。予備艦は在役艦になおし、民間船を徴用して、特設空母やら特設駆潜艇……といった特設艦船に改装、艦隊の規模も内容も充実しなければならないからだ。

で、「昭和一三年度帝国海軍作戦計画」によると、対アメリカ・中国作戦のさい、米主力艦隊来攻まえの比島方面作戦は、第二艦隊が主柱となることになっていた。従来は第三艦隊があたる計画だったのを改定したのだ。

第三艦隊はさしあたり中国方面の作戦に向けておき、第四艦隊はおもに南洋地域の防備にあてる。かつ、新しく第五艦隊を編成して、本州東方海面での作戦に従事するように策案された。さらに、翌一四年度計画では、アメリカ本土近辺まで出撃させる潜水部隊を統轄指揮する。第六艦隊の編制も紙上立案していた。

昭和一四年は、七月二六日にハル国務長官が日米通商航海条約の廃案通告をしてきた。またヨーロッパでは、ドイツのポーランド侵入により英仏両国は九月、対独宣戦を布告して第二次欧州大戦が始まっていた。そんな国際情勢のなかで、日本海軍は必要以上に中国戦線にかかずらってはいられなくなった。戦時編制に切りかえなければならない事態が、いつ起きるかわからないのだ。そこで、支那方面艦隊内整頓のさい、同艦隊のなかから第三、第四、第五艦隊の名を消し、三コの遣支艦隊に改めたのではなかったろうか。

当面、南洋に目を向ける、水上機母艦「千歳」「神威」の第一七戦隊を主体にする第四艦隊が〝新規開店〟の形で残り、第三艦隊と第五艦隊の名称はいったん消滅することになった。

時期はずれのGF長官異動

大正のすえから、連合艦隊司令長官の新旧交代は、教育年度が切りかわる一二月一日前後に行なわれるのが通常だった。ところが、山本五十六中将がGFシチに親補されたのは、昭和一四年八月三〇日、暑いさかりであった。

ドイツがソ連と突如不可侵条約を結んだので、それまで日独伊三国同盟問題に悩まされつづけていた平沼騏一郎総理は、有名な「欧州の天地は複雑怪奇……」の言葉をのこして、八月二八日に総辞職した。

米内海軍大臣は自分の後任に吉田善吾GF長官を据え、GFシチには今まで米内大臣を敏腕な海軍次官として輔けてきた山本中将を持っていく人事を発案したので、こんな時期はずれの異動となったのだ。山本さんは大いに喜んだが、吉田前長官も、在任すでに一年九ヵ月におよんでいたので、もう思いのこすところはなかったであろう。

昭和一四年度の艦隊も、あますところあと三ヵ月たらずだ。紀州和歌の浦へ入泊していた旗艦「長門」に着任した山本新長官は、旧吉田司令部の立案した計画にしたがって、〝前動続行〟の毎日を送ることになった。

事変三年目に入っていたこの一四年は、いま記したとおり七月、日米通商航海条約破棄が米国側から通告される、容易ならぬ情勢におちいっていた。したがって、艦隊司令部では各部隊艦艇の戦闘術力を急速に、かつ最高度に向上するよう、訓練方針をあらかじめたてていた。しかも、燃料節約は至上問題で、「油の一滴は血の一滴」の声がひときわ強く叫ばれだしたのもこのころだ。艦隊の訓練行動は、極力効率的でなければならなくなった。

隊内の空気が、かつてなくピーンと緊張したのも当然だろう。和歌の浦を出港したGFは、豊後水道の一角の作業地に入り訓練を再開した。臨時軍事費から大演習用として六〇〇万円の予算がとってあったが、あいかわらず事変は解決のメドもたたないので、小演習に規模を縮めて実施された。

一〇月下旬、「長門」は横須賀へ帰港する。一四年度のGF訓練作業は例年よりやや早めに終わり、一一月一五日、昭和一五年度艦隊編制が部内に示達された。連合艦隊、独立艦隊である第四艦隊、および支那方面艦隊の構成内容が記されていたが、国民の眼前に公表されなかったのはことわるまでもない。

このうち、連合艦隊の編制を1表にしめしてみよう。いぜん、第一艦隊と第二艦隊だけでつくられている。戦隊の配列は、大スジでは一三年度、一四年度と同様に見えたが、よく見ると変化があった。前年度後期に、「利

米内海軍大臣と山本海軍次官

1表　昭和15年度前期の連合艦隊

(S. 14. 11. 15 現在)

第1艦隊	第 1 戦 隊	長門　陸奥　伊勢
	第 3 戦 隊	金剛　榛名
	第 6 戦 隊	加古　古鷹
	第1水雷戦隊	阿武隈 第2、第24、第27駆逐隊
	第4潜水戦隊	剣崎　伊7 第18、第19、第30潜水隊
	第1航空戦隊	赤城 第19駆逐隊
第2艦隊	第 4 戦 隊	高雄　愛宕
	第 7 戦 隊	鈴谷　熊野
	第 8 戦 隊	利根　筑摩
	第2水雷戦隊	神通 第8、第18駆逐隊
	第4水雷戦隊	那珂 第6、第7駆逐隊
	第3潜水戦隊	五十鈴　伊8 第11、第12、第20潜水隊
	第2航空戦隊	飛龍　蒼龍 第11駆逐隊
連合艦隊付属		木更津航空隊　鹿屋航空隊 沖風　峯風
		鳴門　間宮　明石

根」「筑摩」が第六戦隊と名乗って一Fに初登場したが、今年度は第八戦隊と改称して二艦隊へうつっている。そして、二〇センチ主砲に換装のすんだ「鈴谷」と「熊野」が第七戦隊を編成して第二艦隊へ入った。

それだけではない。従来のGFでは、水雷戦隊は一F、二Fに各一コ部隊ずつだったが、一五年度二Fには第四水雷戦隊があらたにくわえられた。第二艦隊の麾下部隊数は大幅に増加した。例の九三式魚雷の艦隊への供給が行き渡ったので、夜戦部隊の充実がねらいであったはずだ。

また、一Fに第四潜水戦隊、二Fに第三潜水戦隊がおかれているが、これはたんに旧来の第一潜戦、第二潜戦をそれぞれ改名しただけのものだ。

それから、工作艦「明石」が連合艦隊付属として運用されることになった。GFには、いままで付属する特務艦は給糧艦「間宮」など運送艦だけだった。「明石」は昭和一四年七月三一日に竣工したばかりの新品艦だ。九〇〇〇トン。〝浮かぶ海軍工廠〟ともいわれた優秀な工作施設をそなえている。

この移動修理艦の配属で、平時連合艦隊は一歩、戦時連合艦隊に近づいた。新編制なって、いよいよ、四万の将兵を擁する「山本連合艦隊」は出港だ。

艦隊規模、膨張

ヨーロッパでは一四年九月、ドイツのポーランド侵攻で英仏との戦争が始まっていた。また日本側の存続懇請にもかかわらず、通告どおり、一五年一月二六日に日米通商航海条約は失効してしまう。山本連合艦隊は、前年に増していっそう緊迫した雰囲気のなかで、年度訓練を開始しなければならなかった。

といっても、艦隊の各艦船は年末年始を例年と同じく母港ですごし、一月上旬ごろ作業地に向かった。第二艦隊は瀬戸内の三田尻沖に集結し、さっそく本命とする魚雷発射の基礎訓練にとりかかった。寒風の吹きすさぶ海上で潮にぬれながらのこの訓練はまことにつらい。それが終わると二月上旬、佐伯湾に錨を入れ、ただちに研究会が開かれる。

一F、二F合同。西宮沖に入泊して「紀元節」の二月一一日、艦隊将兵は橿原神宮と畝傍山に参拝した。つづいて四国沖や九州沖で教練作業。さらに三月二六日、GFは志布志湾を発航、華南、台湾方面へ向かった。恒例〝恩給加算かせぎ〟の巡航訓練である。内地へもどると、本州南方海上で前期訓練の総仕上げをし、やがて六月上旬、各艦は母港へ帰って行った。

そんなころの五月、米国は日本の動きを牽制するため太平洋艦隊をハワイへ集中し、演習が終わってもいっかな動こうとしない。それにたいして敏感に反応したわけではないのだが、わがGFも五月一日付でいちだんと増強をはかった。

戦艦「山城」が第一戦隊にくわえられ、四隻編制となる。「川内」を旗艦に第一二、第二〇駆逐隊で第三水雷戦隊を編み、第一艦隊に編入される。「那智」「羽黒」とで第五戦隊がつくられ、第二艦隊へ。また「三隈」「最上」が第二艦隊・第七戦隊へ追加編入され、「最上」が戦隊旗艦に。平時連合艦隊で、こんな大きな部隊にふくらんだことはかつてない。とりわけ、第二艦隊の重巡隊が、第四、第五、第七、第八戦隊と四コ部隊もそろったのはじつに壮観というほかなかった。

それから、標的艦「摂津」が無線操縦可能に改造されたうえ、装甲も施したので、二〇センチ砲以下の射撃実艦的をつとめられるようになった。無線操縦は、いっしょに連合艦隊付属とされた駆逐艦「矢風」が行なうのだ。

しかし、艦隊がかわったのは、外見的な編制の大きさだけではなかった。戦技の訓練項目も、個艦戦力の向上をめざすためのものだけではなく、艦隊が考えている戦術を実現するにはどんな方策をとったらよいかを知るため、いっそう実戦的度合いの強い訓練へと幅がひろがり、深くなっていった。

たとえば、射撃では、弾着が見分けやすいよう着色弾を使用し、戦艦三隻の集中射撃をしてみる。照準は実艦をねらい、弾丸だけをアサッテの場所に撃ちこむ偏弾射撃を実戦さながらにやってみる。

また、従来の実弾射撃では、一度に各砲五、六発しか撃っていなかった。しかし、じっさいの戦闘ではそればかりですむわけがない。一門の定数一〇〇発くらいを連続発射するとしたらどういうことになるか。弾薬供給員は当然疲労する。その場合の、弾丸や装薬の供給速度をチェックしてみた。結果は、大きくスピードが落ちることがわかった。

たえず生長をつづけてきた艦隊戦技の実力は、この年度で一段と躍進度を高めたといえた。

第二章　日華事変下の艦隊（2）

昭和一五年度帝国海軍作戦計画

第一艦隊、第二艦隊は充実がはかられていった。だが、もし日華事変が解決しないままに他国と戦端を開くことになったら、海軍はどう戦うつもりだったのだろう。一F（Fは艦隊）、二Fだけではもちろん戦争できない。

「昭和一五年度帝国海軍作戦計画」が、軍令部で立案を終わったのは一四年一一月二九日である。かねてからのいきさつ上、もっとも重要視されたのは対米支作戦だ。しかし内外の情勢は、その対二国作戦ではすみそうもない様相を多分に呈していた。そんな最悪の場合にそなえ、対米英仏支の同時四ヵ国作戦も想定して計画がたてられた。

そして二年後、日本海軍はこの最悪事態に突入してしまうのである。ただし、〝仏〟が〝蘭〟にかわってはいたが。

対米英仏支作戦計画では、第一段作戦として、

(1)開戦初頭、まず東洋にある敵艦隊を撃滅し、陸軍と協同して、比島、グアム、香港、それから仏印の要地を占領する。

(2)戦況が進展したならば、英領ボルネオ、英領マレー、シンガポールを占領する。

(3)敵艦隊、とりわけ米国主力艦隊の動静をさぐって勢力の減殺につとめ、またインド洋方面の海上交通を破壊する。

ザッとこんな構想をいだいていた。戦後の現在から見ると、たいそうな大風呂敷だ。が、

こんな大風呂敷をひろげなければならなかったところに、すでに日本の悲劇はあった。
このための艦隊配備は、
(1)南シナ海およびルソン島方面＝第二艦隊、第三艦隊
(2)ホンコン攻略＝第二遣支艦隊
(3)南洋群島方面＝第四艦隊
(4)ハワイおよび米国太平洋沿岸方面＝第六艦隊
(5)インド洋方面＝連合艦隊の一部
(6)本州東方海面＝第五艦隊
(7)本州近海＝連合艦隊主力
(8)揚子江および華北沿海＝支那方面艦隊（二遣支をのぞく）
と概略の割り当てがなされていた。この時点で、第三、第五、第六艦隊はまだ机上プランである。

空母の集中配備方式

上巻の終わりに、艦隊戦技訓練も戦術的要素の盛りこまれたものがいっそう多くなったと書いたが、第一航空戦隊でも一ひねりひねった訓練を計画した。

一五年度一航戦「赤城」の飛行隊長は、のちに太平洋戦争の劈頭、ハワイ空襲飛行機隊の総指揮をとる淵田美津雄少佐だった。当時、一航戦の空母は「赤城」一隻だけ、しかも「赤

城」飛行隊長はただ一人だったので、彼は、一航戦ゆいいつの飛行隊長という存在でもあった。彼は、航空がいちじるしく台頭してきた現況を見すえ、将来を見とおすとき、艦隊決戦の様相は変革期に入りつつあると判断していた。そして、それを海軍部内に訴えようと志した。

しかし、ただいたずらに戦艦没落、空母主力を唱えてもだれも取り上げてはくれない。戦技の舞台で、飛行機のもつ威力を艦隊乗員の目の前につきつけるのが最善の手段であろう、と彼は考えた。

ときの一航戦シカ（司令官）は小沢治三郎少将だった。水雷屋出身だが、よく知られているように、むしろ〝戦術屋〟といってもよい提督で、進歩的な考えの持ち主だ。その小沢少将いわく、「母艦航空兵力こそ、艦隊決戦時の主攻撃兵力だよ。精鋭主義もむろん大事だが、とりわけ航空は量だね」と。

この言葉に、淵田隊長はわが意を得たりと思うと同時に、強く触発された。彼は、小沢司令官の了解指導のもとに、「母艦航空部隊の集団攻撃」という条項を、昭和一五年度第一航空戦隊研究項目のなかに書きくわえてもらった。

それまでの空母飛行機隊の用法は、飛行機が急速に進歩した、また航空術力が大きく向上したといってもなお、索敵が主務であり、好機があれば敵空母攻撃に使おう、戦闘機は味方艦隊上空の制空にあてる、といった程度の使い方だった。

それを、そんな消極的な使い方でなく、積極的に敵艦隊の撃滅のためにぶつけようと、彼は考えたのだ。それには〝量〟がいる。それには空母を何隻もまとめ、大集団の飛行機隊をつくらなければならない。そのためにはまず、各母艦から発進した飛行機隊を機種ごとに空中で統合し、さらにそれら各隊を集合させて整斉と大攻撃集団を敏速に形成する、そういう訓練、演習を第一着にする必要があると彼は考えた。

しかし、当時の航空戦隊は、一艦隊と二艦隊に一つずつ分属していた。演習などでは、敵味方に分かれてしまうことが多く、集団演練の機会をつくるのは、そうたびたびというわけにはいかない。そこでGF付属の陸上機部隊・第一連合航空隊と組んでやってみるのだが、多数機の空中合同はなかなか難しい作業だった。

その困難さの最大原因は、たがいに一〇〇マイル以上もはなれて分散配備されている空母や陸上基地から、飛んでくる飛行機隊をいっしょにまとめようとするところにあった。どうしたらよいか、淵田少佐は考え抜いた。考え抜いたあげく、ふと思いついた。

「司令官、母艦からの集団攻撃は、従来のような分散配備ではうまくいきません。ぜひとも母艦を集中して配備する必要があります。当面、来年度は『赤城』『加賀』で第一航空戦隊を『蒼龍』と『飛龍』とで第二航空戦隊を編成し、さらにこれら

第1航空戦隊の空母「赤城」

二コの戦隊で航空艦隊をつくって空母四隻を集中配備していただきたいと思います。そうすれば、艦隊決戦時の主戦兵力として活躍できます」と進言した。

小沢司令官は深くうなずき、昭和一五年六月九日、吉田善吾海軍大臣へ『航空艦隊編成ニ関スル意見』を正式に提出したのだった。

二遣支、輸送船団を置き去る

昭和一五年、日華事変が始まってもう四年目に入ろうというのに、戦さはいっこうに終息する気配は見えなかった。ふところの深い広大な大陸で、日本軍は、徹底抗戦を叫ぶ重慶政府を攻めあぐんでしまっているのが実情だった。一〇〇年戦争をするわけではなく、何とかしなければならなかった。

この年、五月一日付で、支那方面艦隊司令長官は及川古志郎大将から嶋田繁太郎中将にかわった。嶋田新長官は、「自分の任期中に、ぜひ事変を解決したい」と決意を表明したが、まことにもっともだった。

まえにも書いたように、地上戦で占領面積を拡大していくことが不可能とすれば、蔣政権を倒すには、軍需物資の供給を根絶するしか手段はない。すでに、中国主要港からの搬入はストップさせていたが、長い沿岸各港湾からの援蔣物資陸揚げは、あいかわらず続いていた。

事変処理に積極方針をかためた嶋田長官は、一五年七月一五日、杭州湾から南へ下がって温州、三都澳、福州付近までの海面を航行禁止区域に宣言する。それは、中国船舶だけでなく第三国船についても出入港を禁止した。

この封鎖強化のため実施した作戦が「C作戦」だったが、同時に華南方面でも「K作戦」を行なって、援蔣ルート徹底遮断にのり出した。とりわけ、華南沿岸からの揚陸が活発だったのだ。二遣支旗艦の「鳥海」も動き出し、泉州、汕尾などに陸戦隊で奇襲攻撃をかけ、輸送施設や兵舎を破壊したり艦砲で船舶を撃沈した。船舶出入禁止区域は、その年末一二月一五日には、海南島の北方対岸欽県まで拡張されていった。

昭和15年5月、第2遣支艦隊旗艦「鳥海」艦上の幕僚たち

C、K両作戦とも、いちおう七月二六、七日ごろ終了した。だが、攻撃破壊後、日本軍は引きあげてしまうので、中国軍はふたたび戻り、効果は一時的になりがちだった。

そして、これらの作戦が終わって間もなく実施されたのが北部仏印進駐である。当時、ハイフォン港には、英、米、仏など第三国からの中国向け物資がぞくぞくと陸揚げされ、内陸へ送られていた。手をやいた日本は、たびたび中止するよう関係各国へ申し入れていたが、まったく応ずるようすはなかった。

ところが一五年六月、フランスがドイツに降伏すると、事情がガラリと変化した。敗戦の弱味につけこんだ日本は、フランスへ、援蔣停止と仏印への日本軍駐留、軍事基地設定の要求を強硬に談じ込んだのだ。進駐は、ビルマ方面からの援蔣ルート遮断と昆明攻略作戦実施を目的としていた。

日本政府は外交交渉で、平和裡に進駐することを望んでいた。海軍もその意向だった。だが、陸軍の一部ではそうではなかった。折衝のさいちゅう、中国側国境に第五師団を集結し、九月二三日、越境して仏印軍と無用な小ぜりあいを起こしてしまった。

いっぽう、和戦両用のかまえで進駐にそなえていた海軍は、高須四郎中将の第二遣支艦隊に作戦を担当させることにした。高須中将は、二遣支に若干の他所属部隊を臨時にくわえた「IC作戦」部隊の指揮官となって、重巡「鳥海」に座乗していた。

陸軍・西村兵団が輸送船団に分乗し、交渉経過を見まもりながらハイフォン沖に到着したのは、越境事件の起きた九月二三日だった。護衛には、IC部隊、藤田類太郎少将の第三水雷戦隊があたっていた。

両国会談の経過から推して、はなしはどうにかまとまりそうであった。そこで〝平和進駐可能、二四日の敵前上陸不可〟を藤田少将は西村兵団長に力説したのだが、聞き入れられなかった。西村兵団長は、第五師団の行動に呼応して二六日、独断、輸送船から舟艇をおろして上陸を開始した。

この無謀を見て、藤田司令官は怒った。「当隊コレニテ任務ヲ打チ切リ離脱ス。御成功ヲ祈ル」との電報を打つと、麾下をひきい、海口へ帰ってしまったのである。現地陸海軍対立。

有名な〝輸送船団置き去り事件〟発生だった。むろん、海軍中央も、統制にしたがわない陸軍部隊への協力中止を、命令として発した。こうすれば、現地護衛部隊の立場が救われるのだ。

しかし、ともあれ、進駐によって仏印を通じての援蔣ルートは潰れることになった。だがそれは、イギリス、アメリカを刺激し、対英米戦への道を一歩踏み出したかたちになった。

〝一〇一号作戦〟発動

支那方面艦隊では、重慶政権屈服への、考えられる最良策として〝積極的航空作戦〟を採用した。

昭和一五年春、同艦隊の海軍航空兵力としては、第二連合航空隊、第三連合航空隊があった。そこへ、連合艦隊から第一連合航空隊を一時編入し、大々的な総攻撃をかけようというのだ。作戦期間は、五月一日から九月五日までの約四ヵ月間。漢口方面基地に集結した海軍機は約三〇〇機に達し、そのうち、中攻は補用機もふくめて約一三〇機におよんだ。これは日華事変勃発いらいの壮観であった。

五月に入ると中国大陸の気候はよくなり、安定してくる。冬の間は、訓練にときをついやしていたが、華南方面の部隊、三連空からも中攻隊を漢口に移し、重慶の政府機関や軍事基地を徹底的に破壊することを企てた。一連空司令官は山口多聞少将、二連空が大西瀧治郎少将だ。いずれ劣らぬ勇将、猛将である。

作戦名を「一〇一号作戦」と名づけて、五月一八日から奥地攻撃が開始された。夜間爆撃をくわえたりして、新戦法をとってみたが効果はいま一つだった。というのも、足の短い九六艦戦では漢口から重慶まで飛べず、護衛なしで攻撃に行く中攻の被害が日を追って増えていったからだ。

そんな、連空司令部が頭をかかえていたとき出現したのが「零式戦闘機」だった。八月一三日、ゼロ戦は初めて戦闘に出動したが、この日は敵機を捕捉できなかった。中国空軍との初交戦は一と月ばかり後の九月一三日だ。

戦爆連合で重慶空襲を行ない、攻撃隊はいったん帰路についた。空襲中、敵機は空中避退していたが、もうよかろうと基地上空へ戻ってくる。その時機を見はからって零戦隊がふたたび反転したのだ。作戦は図にあたった。わずか一三機で約三〇機の敵とわたりあい、二七機を撃墜してわが方は被害なしという大戦果をあげた。以後、中国空軍の反撃力は封じられ、重慶爆撃の成果は大いにあがった。

作戦には陸軍航空部隊も協同参加したが、終了時までに海軍機が出動したのべ機数は、一四五四機、投下爆弾は約一一五七トンにのぼった。空から見る重慶の被害は壊滅的であり、廃墟のようだったという。それでも、蔣介石総統は音をあげなかった。

さて、北部仏印進駐を機に、海軍は一五年一〇月八日までにハノイ郊外のジャラム飛行場へ航空部隊を進出させた。雲南省方面の敵軍事施設攻撃や、援蔣ルート破壊の足がかりができたわけであった。さっそく、昆明にある造兵工廠とかビルマ国境にちかいロイウィンの飛行機工場を爆撃する。また、一〇月二五日、メコン河に架橋されている新旧二本の功果橋を爆砕したときは、軍令部総長や海軍大臣からも祝電がとどいた。これは、第一五航空隊中攻隊の精密な照準爆撃による効果だった。

恵通橋はサルウィン河にかけられた、ビルマ・ルートの新式鋼索吊り橋である。功果橋より車両の通過容量が大きかった。一〇月二八日から、一五空中攻隊はまたもこの恵通橋爆砕をめざして飛び出した。だが、二五〇キロ爆弾では当たっても壊れない。そこで、翌二九日には八〇〇キロ爆弾を抱えて出かけていった。一二発中の一弾がみごと命中し、こんどは橋が落ちた。華南方面航空部隊の宿願達成であった。大戦果だ。

以上で昭和一五年の、中国大陸での主な海軍航空作戦は終了、一連空、二連空は内地へ帰還し、第三連合航空隊は解隊となった。

そして年が明け、一六年に入るとふたたび中攻隊は、大部隊で大陸へ渡って行った。四月末、美幌航空隊、元山航空隊は漢口方面へ基地を進め、七月には鹿屋空、第一航空隊、高雄空も漢口に出陣してきた。五コ航空隊一八〇機が勢ぞろいし、事変勃発以降、最大規模の空襲を重慶に見舞い、圧服させようというのだ。

北部仏印に進駐し、日蘭交渉を打ち切ってからの日米間の空気は険悪になるばかりだった。兵力に余裕のあるうちに、蔣政権に徹底的なダメージをあたえようというのが眼目であり、「一〇二号作戦」と呼称することにした。

七月二七日から展開された重慶攻撃は、零戦隊の協力もあり、きわめて順調な爆撃行となった。しかも、この攻撃隊には特徴があった。高雄空に配備された最新鋭一式陸攻が初出動したことで、敵戦闘機I15、I16などテンデ問題にならない優秀さを示した。しかし、そんな優れた大攻撃隊が連続猛攻をあびせても、決定的な成果をおさめることはできなかった。第三国からの情報は、さかんに重慶の被害の大きいことを伝えていたが、食糧の自給力がつよく忍耐心に富む中国人民たちは参らなかった。

南遣艦隊、編成

一〇二号作戦とほとんど同時、一六年七月二八日に日本軍は南部仏印への進駐を断行した。一五年九月から開かれていた日本・オランダの石油交渉は暗礁に乗りあげた状態になり、ついに日本側は一六年六月一八日、会商をご破算にした。その四日後だ。ドイツ軍は突如、ソ連領内へ侵入を開始した。ソ満国境に張りつけられていたソ連軍は、ヨーロッパ戦線へ移動をはじめる。北方の重荷が下りた。

日本はこれをチャンスと考えた。南部仏印に軍隊を進めておき、ことあった場合、南方の戦略要地を先制的に占拠するための基地を獲得しておこう、日華事変のほうも一挙に解決してしまおうともくろんだのだ。それは「帝国ハ目的達成ノタメ対英米戦ヲ辞セス」という、きわめて強烈な決意のもとにであった。

といっても、武力進駐ではなく、外交手段によって平和進駐が十分可能と政府も大本営もふんでいた。英国も米国も、この進駐に対し武力で介入してくることはあるまいと見ていた。

したがって、交渉開始にあたり「仏印当局者ニシテ我カ要求ニ応セサル場合ニハ武力ヲ以テ我カ目的ヲ貫徹ス」と国策に謳いはしたものの、作戦部隊の行動は交渉進展をバックアップするための〝示威〟が主目的だった。

海軍の担当部隊は、北部進駐のときと同じく第二遣支艦隊だったが、一六年四月四日に、司令長官は沢本頼雄中将（一五年一〇月より高須中将のあとを継いでいた）から新見政一中将に交代していた。沢本中将は海軍次官に転任したのだ。新見中将は、空路、馬公に在泊していた旗艦「足柄」へ着任する。

2表　「ふ」号作戦部隊

区分	指揮官	兵力
主隊	2遣支司令長官	15戦隊（足柄）
第1護衛隊	5水戦司令官	5水戦（名取　第5，22駆逐隊） 第34駆逐隊　鵯　第11掃海隊 第21駆潜隊　八丈　第2砲艦隊 第2根拠地隊の一部
第2護衛隊	第2根拠地隊司令官	第2根拠地隊 第31駆潜隊　第30掃海隊　太刀風
第1航空部隊	23航戦司令官	23航戦（3空） 14空
第2航空部隊	2航戦司令官	2航戦（蒼龍　飛龍　第23駆逐隊）
第3航空部隊	12航戦司令官	12航戦（神川丸　富士川丸）
機動部隊	7戦隊司令官	7戦隊 （熊野　鈴谷　三隈　最上）
補給部隊		東園丸　笠置山丸　六甲山丸 箕面丸　佐多
海防部隊	占守艦長	占守

嶋田支那方面艦隊長官が、この作戦のため新見中将に命じて編成した部隊は、2表のような組織になっていた。作戦を「ふ」号作戦とよび、参加部隊を「ふ」号作戦部隊と称した。二遣支が主軸といっても、じつは借り物のほうが多い。第二航空戦隊、第一二航空戦隊、第二三航空戦隊、第二砲艦隊、みなGF（連合艦隊）やよそからの借用品だった。

仏印進駐は、七月二日の御前会議で最終的に決定されたのだが、英国はその内容を暗号解読で知ったらしく、急いで巡洋艦二隻をシンガポールに入港させていた。そこで、大本営は対抗策として、連合艦隊から精鋭第七戦隊を七月一五日付で急遽編入したのだ。示威には力と量が必要だ。重巡四隻の存在は大きい。

新見中将は海南島三亜を出撃した。近衛師団主力の乗船する輸送船団を護衛して上陸を掩護し、もし仏印軍の抵抗があったときには、陸戦に協力したり航空兵力や艦艇を撃滅しようというのである。

が、結局、わが方の予想と願望どおり、フランス・ビシー政府はこちらの申し入れを受諾した。日本軍は武力を使うことなく南部仏印へ歩を進め得たのだ。七月三一日から借り物部隊の原隊復帰が始まり、八月一一日、「ふ」号作戦部隊は解散になった。

しかし、北部進駐とこのたびの進駐によって、仏印方面警備に常駐的な艦隊派遣が必要となった。華南沿岸を主担任区域とする、第二遣支艦隊の荷を重くするわけにはいかない。そこで、七月三一日付、あらたに「南遣艦隊」編成の仕儀となった。

半月まえに竣工したばかりの軽巡「香椎」を旗艦に、海防艦「占守」のたった二隻。あとは特設艦船数隻の小ッポケな艦隊だった。外戦部隊ではあるが、戦争するための艦隊というより、外交的、政治的色彩のこい部隊なので、連合艦隊には入れられず、独立艦隊となった。そんなせいか、初代司令長官には、皇族付武官や侍従武官の経歴をもつ平田昇中将が任命された。

南部仏印進駐は、ぶじ終了したとはいうものの、わが国が予想していた以上に日米間の国交を悪化させてしまった。八月一日、日本への石油輸出が全面的に停止されてしまう。海軍としては、中国航空作戦どころではなくなった。一〇二号作戦は八月三一日で打ち切り、支那方面艦隊付属の小規模部隊を残して、在華航空兵力の大部分を内地へ引きあげた。対米戦の準備を急がなければならなかったのである。

　在任中の事変解決を願った嶋田支那方面艦隊長官ではあったが、願望はみのらなかった。一六年九月一〇日、横須賀鎮守府司令長官へ転任となった。

山本長官の新戦略構想

　ふりかえってみると、昭和一五年、一九四〇年は事の多い多端な年だった。ヨーロッパではダンケルクから連合軍が追い落とされ、ドイツ軍によるロンドン爆撃が開始される。フランスは降伏。太平洋方面でも、日米通商航海条約が失効し、ハワイ軍港に進出してきた米太平洋艦隊は演習終了後も本土へ引き揚げようとしない。日本は北部仏印へ進駐した。

　地球上の東西に大波が立ちはじめ、そんな非常時に際会した山本連合艦隊の責任は、一五年度後半に入ってますます重くなっていった。この年度のGF参謀長は福留繁少将だったが、彼は山本長官の意向をきき指示を仰いで、艦隊の教育訓練計画を立てていた。

〝奇人参謀〟黒島亀人

　戦争が始まった場合、平時艦隊の訓練方針はそのまま作戦に反映されてくるので、GF司令長官の創意とか工夫は非常に重要な意義をもっている。山本五十六中将は、人も知る知米派であり、海軍航空育ての親だ。

福留参謀長の下ではたらく先任参謀は、〝奇人参謀〟とか〝変人参謀〟といわれ、戦後ことさら有名になる黒島亀人大佐（のち少将）だった。その彼の回想によると、もし開戦となったときの日米戦争に、山本長官はつぎのような構想をいだいていたという。

戦争の勝敗は、両国海軍の決戦によってきまる。よって、開戦劈頭、米海軍に大打撃をあたえ、米国艦隊が東洋へ来援できないうちに〝大東亜国防圏〟を確立する。米国艦隊が戦力を回復して来攻してくれば、たびごとにその初動を叩く。彼らが大工業力によって、日本とは比較にならない強大な戦力をつくりあげないよう、作戦指導をするのが勝利するゆいいつの道だ、と。

黒島セサは、こんな山本長官の旨を体し、連合艦隊作戦要項ともいうべき策案を書きあげると、昭和一五年二月一一日、長官の決裁をうけ、四月の上旬に軍令部作戦課長に提示した。それには、要点を記すと、
(1)好機をとらえ、空母部隊で敵艦隊を奇襲攻撃する。
(2)基地航空兵力を、有力な決戦兵力として南洋諸島に展開する。
(3)邀撃決戦海域に、マーシャル諸島海域までをふくめる。
(4)前進基地航空部隊の航空戦の推移と島嶼航空基地の攻防戦をめぐって、艦隊決戦が起こるものと予想し、全般作戦を計画、指導する（『日本海軍航空史〈用兵篇〉』）。
との内容がもりこまれていた。それは、従来の大砲、魚雷を主柱とする迎撃艦隊決戦から、

一歩ならず二歩も三歩も前進した戦略形式であった。当然のことながら、一五年度教育訓練計画には、これまでのGF司令長官とは異なる、斬新な特色が具体化されていた。

すなわち第一番に、〝航空戦重点主義〟がとられた。

(1)基地航空部隊と母艦航空部隊との協同攻撃。

(2)敵航空兵力の先制撃破。

(3)夜戦における航空部隊の積極的用法。

(4)航空部隊と潜水部隊との協同。

(5)航空戦の指揮統制。

(6)艦隊防空。

(7)対空警戒厳重なる敵艦隊に対する偵察ならびに触接（同前）。

などの項目がかかげられた。

(1)についていうと、陸攻隊、艦攻隊は、指揮官の号令一下、急速に敵陣へ突入を開始する。水平爆撃隊は各隊が異方向から同時に爆撃し、雷撃隊も時間間隔を極力つめてやはり異方向から進入する。艦爆隊はあらかじめ先行するか、指揮官の命令で陸攻隊、艦攻隊攻撃の直前か直後に、各隊が協同して急降下爆撃に入る。このような攻撃要項を、基本戦法として定めたのだ。

そしてまた、福留参謀長は、邀撃決戦線を前進させたことについてこう言っている。

以前は、小笠原諸島——マリアナ列島を結んだ線付近で全力決戦するのが、長年日本海軍が研鑽演練してきた戦法だった。だが、一五年度訓練は、アメリカ主力艦隊がハワイに集結しているという、緊迫した戦略態勢を考慮にいれなければならない。しかも、米海軍力は、さらに急速整備が進められている。なるべく、早期決戦に持ちこんだ方が有利だ。

だとすれば、そんな早期決戦を求める適当な手段はないものか？　ハワイ近海に出撃して、敵に決戦を強要する方策は成り立つか？……種々検討された。結果、邀撃帯を東に進め、いわゆる間合いをつめるにしかずとの結論に到達したのだ。

主流思想はいぜん〝大艦巨砲〟

しかし、山本長官が、GF訓練に航空重視の新機軸をいかに打ち出しても、戦術思想の主流はやはり、大艦巨砲であった。昭和一〇年代になって、海軍は戦艦か飛行機かの両論が競合し、是非にまよう難しい時代に入ったのだが、なにぶんにも戦艦には日露戦争での大きな実績がある。たしかに、航空の進歩はいちじるしい。が、飛行将校たちが、カンカンガクガク口角泡をとばして〝戦艦無用、航空万能〟を論じても、実戦での証明がなかった。

福留参謀長は砲術出身ではなく、航海屋だったが、その彼でさえ、航空戦演練に重点をおいた訓練計画をたてながら、なお、艦隊決戦は戦艦によって雌雄が決せられるという考えを固持していたのだ。

王者を誇る戦艦群は、一〇年前後からあいついで近代化改装を開始し、一五年ごろにはすべて終了していた。全艦、砲戦距離の延伸がはかられ「金剛」型四隻は、三〇ノットをこす高速戦艦にかわった。超大戦艦「大和」型二隻は、当時、鋭意建造中だった。

こんな戦艦乗組員たちの士気と、砲戦訓練にかける熱意は群を抜いて高いものがあったようだ。

第一戦隊の「伊勢」などは、艦隊所属連続三年目、乗員はすっかり艦隊慣れしていた。四機の水上機を搭載していたが、砲戦のさいは二機を常用し、一機が初弾発砲までの的針、的速通報を行ない、そのあとは弾着観測にしたがう。もう一機は距離測定をし、初弾弾着以後は的変針通報にあたった。

艦隊の射撃研究項目には、こういう〝飛行機利用の遠大距離射撃〟、着色弾を使用する〝二隻集中射撃〟や〝初弾精度の向上〟をかかげていたが、この年、「伊勢」は教練射撃や戦闘射撃で戦技優勝艦の栄誉に輝いた。数回実施された教練射撃のあるときには、発射距離三万メートルの弾着が、近五弾、遠七弾、散布界わずか二四四メートル、命中率は一九・二パーセントと計算される、みごとな成績をおさめたことさえあった。

重巡のうち、八戦隊「利根」と「筑摩」ができたての

「利根」型の20センチ主砲の斉射

新品艦だった。「筑摩」では、はじめて取りつけられた前・後部電信室間連絡用のインターホン（当時の海軍ではテレトークといった）を、通信長の努力で艦橋と各電信室間を結べるように改造した。在来の伝声管のかわりだ。艦橋に立っている通信長は、一つのマイクを使うだけで、各電信室を指揮できるようになった。この方式は、たぶん艦隊を通じて「筑摩」が最初だったろうといわれている。

しかし、いいことずくめではない。一方の「利根」では、二〇センチ主砲射撃のさい、弾着散布界の大きいのに、艦長サンは頭を痛めていた。決戦距離を一万六〇〇〇メートルと想定して撃ってみた。そうすると、艦が停止中なのに、八門一斉発射の散布界が、四〇〇メートルちかくまで開いてしまったのだそうだ。これでは命中しない。

ところで、日華事変勃発のため、ひさしく大演習が実施されていなかった。前年の一四年に予定されたのだが、小演習に変更されていた。一五年度に再企画され、実行になったが、一一年の特別大演習いらい四年ぶりのことだった。この年の演習も、最初は天皇みずからが統監となる「特別大演習」が予定されたが、軍令部総長統監の「大演習」にかえられたのだ。八月下旬から一〇月上旬にかけ、二区分して実施されることになった。

八月二四日からの第一特別演習では、航空部隊と潜水部隊の作戦が主に演練された。甲軍は連合艦隊司令部と第三、第四潜水戦隊、および高雄空、鹿屋空の第一連合航空隊。乙軍は南洋防備艦隊である、片桐英吉中将の第四艦隊だ。

潜水艦部隊は、長期行動訓練と敵港湾の監視、出撃してきた敵艦隊の追躡触接、そして漸減作戦が演習目的である。基地航空部隊では、中攻と飛行艇の作戦研究と演練だ。

基地航空部隊は、まだ整備不十分な南洋の島々を根拠地に、演習に従事しなければならなかった。猛暑をおかし、不良な天候を克服して戦わなければならなかったので、隊員たちの苦労は並大抵ではなかったらしい。

乙軍には、航空燃料搭載設備を設けた機雷潜型潜水艦四隻が編入されており、一〇〜一五トンのガソリンを積んで、横浜航空隊の大艇にたいする補給を試みた。

第二特別演習は、一〇月一日からの開始であった。計画にかかげられた主要研究演練事項は〝対潜対空防備〟である。潜水艦、飛行機による敵艦隊の監視や軍事施設の攻撃、敵海上交通線の破壊を研究するとともに防御法を演練し、あわせて全国的な防空演習も実施しようというのだ。五日が演習最終日だったが、この日、一四機の飛行艇が東京空襲を行なって、大演習を締めくくった。

帝国海軍最後の観艦式

大演習あるいは特別大演習の実演が終了すると、終期に「観艦式」を実施するのがきまりであった。だから、事変中ではあったが、昭和一五年の大演習の終わりにも盛儀が展開された。が、この年のそれは、たんなる「大演習観艦式」ではなく、「国家ノ大典等ニ当リ挙行」する「特別観艦式」だった。といって、内容にとくに差があるわけではない。

太平洋戦争敗戦までのわが国では、神武天皇即位の年（?）から数える〝皇紀〟がハバをきかせていた。昭和一五年は〝皇紀二六〇〇年〟にあたった。事変などとはいえない戦争の重苦しさを吹きとばそうと、全国各地で奉祝の行事がくりひろげられ、「紀元二六〇〇年」の歌が津々浦々でうたわれた。

「〽金鵄輝く　日本の　栄ある光　身にうけて　いまこそ祝え　この朝《あした》　紀元は　二六〇〇年　ああ　一億の胸はなる……（増田好生作詞／森儀八郎作曲）」

そこで、慶祝の一環として、観艦式も「紀元二六〇〇年観艦式」と銘うたれ、盛大に実施されたのだ。

天皇のお召艦には、戦艦「比叡」があてられた。「比叡」はすでに八月から現地横浜沖に入泊しており、兵員はいっさい上陸止めにされ、艦内清掃、身体検査、艦内消毒と全艦をあげてその日の奉迎にそなえた。

大演習が終了すると、参列諸艦もぞくぞくと横浜へ集合し、大掃除をしたり、ふだんはめったにやらない〝双錨泊〟の準備、練習をはじめた。当日は「碇泊観艦式」だ。一〇〇隻ちかいどの艦もが、定められた位置で振れまわらないよう、特殊な用具を使って両舷の錨をぐっと開いて投入し、カチッと錨泊しなければならない。その準備だった。

いよいよ、昭和一五年一〇月一一日の当日だ。午前八時、軍艦旗掲揚と同時に、巡閲を受ける艦《フネ》ブネは「満艦飾」で華やかによそおわれた。

午前九時四〇分、ブイを離れた「比叡」は重巡「高雄」を先導に、同じく「加古」「古鷹」を供奉にしたがえ、式場へ向かった。観艦式指揮官はGF司令長官山本五十六中将（翌一一月一五日、大将に進級）である。

やがて、天皇の観閲が開始された。「長門」を先頭として、五列に並んで東京湾を圧する連合艦隊の艨艟の間を縫うように、先導艦、お召艦、供奉艦は進んで行く。お召艦が八〇〇メートルほどの距離に近づくと、各艦では当直将校の号令で敬礼が行なわれる。「君が代」のラッパが吹奏され、衛兵隊が「捧げ銃」をする。

「登舷礼式」の位置に整列した乗員は、一斉に「万歳」を三唱して陛下をお迎えする。この万歳は海軍独特のもので、一般でのように手を挙げることはせず、ただ発声するだけの仕方だった。

参列した艦船はぜんぶで九八隻、五九万六〇六〇トンであった。事変下のため、陪観者と一般参観者の写真撮影は禁止され、従前のように、観艦式経過について詳細内容の公表もなかった。式が終了すると、午後二時ころにははや母港に向けて出港する艦も多い慌ただしさだった。残った艦も、夜間のイルミネーションは当然ながら実施しなかった。

しかし、艦艇数こそ少なかったが、参加飛行機数は昭和一一年度の一〇〇機を大幅に上まわり、過去最大の五二九機にのぼった。そこには、一年後に始まる太平洋戦争での海軍戦闘様式を暗示するものが見られた。

空中分列式指揮官は、第一航空戦隊司令官小沢治三郎少将だった。飛行機隊はつぎつぎに艦隊の上へ飛来し、お召艦の左上空で機首を下げて敬礼すると、針路をかえ東京の上を通過して姿を消した。

明治元年（一八六八）三月二六日、大阪天保山沖でわずか六隻、四二八二トンの軍艦にたいし観艦式が行なわれてから、この年のそれが通算一九回目であった。よく晴れた秋の一日だったが、それから五年もたたないうちにこれら豪壮な艦隊が壊滅し、消え去ろうとはだれも夢想だにしなかったであろう。ついに日本海軍最後の観艦式となった。

帆走の遠洋練習航海

さて、これまで本〝物語〟を書きつらねてきた間に、ぜひいつかは書かなければと思っていて、機会のとらえられなかったフリートがある。「練習艦隊」だ。

若い海軍士官のヒヨコを荒波のたち騒ぐ海上にほうり出し、まず慣海性を養って船乗りの基礎を固めようというのがこの艦隊の目的である。したがって、戦うのが本務ではないが、平時艦隊編制表に、第一艦隊や第二艦隊とならんで立派にのせられている艦隊だった。

歴史も古い。彼らのための練習航海は日本近海の巡航からはじまったが、練習艦隊といえば、かならず遠航が思い出されるほどの〝遠洋練習航海〟は、明治八年一一月、品川沖発航のそれが最初だった。それも、まだ艦隊ではなく、単艦での練習航海であった。使用された軍艦は、一九七八トンの木造コルベット艦「筑波」。当時のことだから、むろん帆汽両用だ。一六センチ砲九門、出し得る速力たったの八ノット、艦長は伊藤雋吉《としよし》中佐（のち中将）だった。

このころの兵学校は海軍兵学寮といわれており（兵学校への改称は翌九年八月）、第二回卒業生で、後日、海軍大臣、総理大臣になる日本海軍育ての親といわれた山本権兵衛少尉補（のちの少尉候補生）らが、乗り組んで実習航海に出かけた。

行き先はサンフランシスコ、すぐ隣りのメーアアイランド、それからハワイである。一一月六日に東京湾を解纜し、一二月一四日にサンフランシスコへ到着した。現在の船舶なら一二日たらずで着く。ずいぶんかかったものだが、あらかたを帆走で航海したからだ。

途中、ひどい暴風雨に遭遇し、船体の傾斜が四八度に達したこともあった。高波のためカッターの一隻が砕かれ、そのほか船具にも多くの損傷が生じた。「本艦品海出港以来三日間は晴天なりしが、其後は曇天又は暴風雨等にて、桑港到着の前日まで上甲板の乾きたるは僅か五日間にして頗る難航なりし」と『伯爵山本権兵衛伝』に記されている。太平洋に初めて乗り出した新前候補生たちは、どれほど苦難にさいなまれたことであったろうか。

勝海舟が「咸臨丸」でサンフランシスコを初訪問したのは、一六年まえであった。そのときの乗員のカミシモ、袴の日本服姿を覚えているアメリカ人は、まったくヨーロッパ式海軍に変わった「筑波」乗組員を見て、ずいぶんびっくりしたらしい。帰国したのは九年四月一四日、横浜着であった。

第二回目の遠洋練習航海は、明治一一年一月、同じく「筑波」が豪州に向けて横浜を抜錨した。ブリスベーン、シドニーを訪問したのだが、これが、日本軍艦が赤道を通過した最初の航海でもあった。第三回が、翌一二年三月出発の遠航。のちの海軍大臣・総理・大将斎藤実のクラスを乗せて中国沿岸からシンガポール、ペナン、香港等へ回航している。一四年からは「龍驤」（二五三〇トン、コルベット艦）もくわわり、明治二〇年までかわるがわる、ほとんど毎年、遠洋航海に出帆した。北米や南米西岸、あるいは豪州、南洋へと派遣された。

三景艦で「練習艦隊」

やがて「筑波」「龍驤」はお役ご免となり、巡洋艦「金剛」と「比叡」が交代で練習任務につくようになった。両艦は二二四八トン、一三ノット、一七センチ砲三門の姉妹艦だ。どちらも帆汽両用艦であることは、「筑波」などと変わりない。

練習航海は「已むを得ざる場合の外は一切蒸気機械を用いず、諸帆を以て航走する」のが当時の定則だったらしい。帆走中の速力は通常で四、五ノット、風ぐあいが良いと八ノット以上に達する。このようなときは「走ること矢のごとし」と乗組員たちは大満足した。〝得手に帆をあげ〟というのだろうか、乗り心地の快適さは、今日のディーゼル艦などとうてい及ばないところだったようだ。

しかし、世の中は進歩する。わが海軍から、帆走練習艦の消えてゆく日がやってきた。日清戦争で明らかになったように、近代の海戦では、優速で、統制のとれた艦隊運動に長じた部隊の方が勝ちだ。帆走艦はその点、はなはだ不都合だった。艦長はじめ乗組員の操帆の腕前いかんによって、航程にどんどん差がついてしまう。

風という自然力を極限まで利用して航走する〝帆前《ほまえ》〟の稽古は、船乗り修業には最適であり、単艦の運用術の練習には工合がよいのだが、新しい海軍に必要な編隊運動の訓練には不向きだった。

そこで日本海軍は、明治三五年、米内光政大将たちの海兵二九期生が「金剛」「比叡」で豪州方面へ遠航したのを最後に、帆走艦による練習航海を廃止したのである。

日清戦役に活躍したいわゆる三景艦「松島」「厳島」「橋立」で初めて「練習艦隊」を編成し、整々とした艦隊航法をとって訓練航海することになった。その初回は「松島」を旗艦に据え、上村彦之丞少将（のち大将）が司令官だ。乗り組む少尉候補生は海兵三〇期、百武源吾大将のクラスであった。

三六年二月一五日、横須賀を出港すると、香港、シンガポール、アデレード、メルボルン、シドニー、タウンスビル、マニラ等を主な寄港地に、六ヵ月の遠洋航海にのぼった。

たった三隻だが、本格的な「艦隊」だから軍楽隊も乗りこんでいる。航海中は上村司令官指揮のもとに、たえず陣形運動やら多種多様な合同訓練、対抗競争が行なわれた。いかにも海軍らしくなったが、かつての帆前ののどかさ、面白さは失われてしまった。その後もかなり長い間、内外に帆走廃止を惜しむ声が聞かれたが、日本海軍にセーリング・シップの復活することはなかった。

日露戦争のあいだは中断されたが、明治三九年から四一年まで、この三艦による練習艦隊が継続された。だが、四一年の遠航の帰途、馬公で「松島」が爆沈する大事故が発生している。四二年からは戦利艦で一等巡洋艦「阿蘇」（旧露艦バヤーン）、二等巡洋艦「宗谷」（旧露艦ワリヤーグ）が使われ、四三、四四年度は一等巡洋艦「浅間」と二等巡洋艦「笠置」が充当された。

大正に入ると、一等巡洋艦「吾妻」と「常磐」が、また大正五年以降は同じく「磐手」型、「浅間」「八雲」が参入しはじめた。そして九年以後は「出雲」「磐手」「浅間」「八雲」四艦のいずれか一隻ないし三隻で、遠洋練習航海を実施する形態が完全に定着し、それは太平洋戦争のほんの少し前までつづくのである。

機関科、主計科候補生の練習航海

しかし、こんな〝遠航〟は久しい間、兵学校を卒業した海軍少尉候補生だけのものであった。

明治初年の兵学校生徒課程は四系統に分かたれており、主要な第一がのちの兵科にあたる運用・砲術科であり、つぎが蒸気機関科だった。が、同じ兵学校卒業生でありながら、機関科出身の少機関士候補生（のちの機関少尉候補生）には遠洋航海の機会はあたえられなかったのだ。

理由はこうだ。「甲板士官（兵科将校のこと）となるべき者は、各地方における天候や海洋風波の状況等を現場で会得し、航海術の実地修業をなさなければ、世界を自由に航行することができない。これが、彼らに遠洋航海を必要とする所以《ゆえん》である。且《か》つ、遠洋航海には帆走を主とし、港の出入くらいに機械力を使用する都合であるから、機関科生徒の実修をなすチャンスが少なく、かえって無聊に苦しむことが多いであろう。機関官（のちの機関科将校）となるべき者は、いずれの海上を問わずなるべく長時間の運転に従事し、殊《こと》に風波の荒い場合における動作等を実験することが肝要である」（沢鑑之丞『海軍七十年史談』）というのだ。

昭和15年4月20日に竣工した練習巡洋艦「香取」

しかし、当局側のこの説明には矛盾しているところがあった。それまでの機関科生徒の実習では、東京湾外へ出たことがないのだ。長時間の運転も、風波の荒い海面での操縦訓練もできはしなかった。この説明は、明治一三年三月になされたものだが、考えなおすところがあったのか、一一月になって「雷電艦」で湾外に出て、伊豆下田までの航海実習が行なわれた。これが、機関科生徒にとって最初の遠洋航海（？）だったのである。

その後、海軍機関学校が独立してからも、機関少尉候補生の練習航海はあいかわらずだった。たとえば、明治三五年に海機を卒業した候補生たち。彼らは「浪速」に乗り、横須賀、佐世保、鹿児島、沖縄、アモイ、馬公、ウースン、シーフ、仁川、釜山と約三ヵ月半、近海航海に明け暮れて、第一期訓練を終えた。

またたとえば、大正五年の卒業候補生の実習も似たり寄ったりだ。五〇〇〇トンのアメリカ製巡洋艦「千歳」で内地の軍港をまわったあと、旅順、大連などの戦跡をたずね、香港、台湾をへて青島からウラジオストック訪問の近海航海だけであった。

さらに、主計科の少尉候補生になると、専用の練習艦などまったくなかった。当初は、二期に分けられた候補生期間のうち、前期は経理学校卒業後そのまま学校に残って主計科実務の勉強をする。後期は、艦隊などで実際に活動している軍艦に乗り組み、士官業務の見習いをしていた。

しかし、兵科候補生の遠洋航海には、たんに航海術の修業というだけではなく、外国各地への訪問で、見聞をひろめることも大事な目的にふくまれていた。とすれば、それは、同じ正規海軍士官になる機関科、主計科候補生にとっても同様な意義をもつはずであった。ようやくそれが認識され、海兵、海機、海経卒業の候補生たちがいっしょに練習艦隊へ乗艦し、欧米の国々を見学できるようになったのは、大正九～一〇年度の遠航からである。大正デモクラシーの影響もあったろうか。

この年の航海は壮観だった。初の世界一周が試みられたのだ。九年八月、横須賀を発航すると、インド洋をへて南アフリカのダーバン、ケープタウンに寄港、大西洋を横断してブラジルはリオデジャネイロを訪れた。それから南下し、マゼラン海峡を通過して南米西岸へ出て、チリのバルパライソへ寄った。さらにペルーのカラオまで北上し、ついでタヒチ、トラック、サイパンの島々を巡航して一〇年四月、横須賀へ帰港している。

遠洋練習航海中止

三校卒業生を乗せた遠洋練習航海は、その後、順調に発展していったが、あるとき、椿事が発生した。大正一四～一五年の航海に、練習艦隊が編成できなくなってしまったのである。理由はほかでもない、ワシントン条約の余波だった。軍縮のため、一四年卒業の海兵、海機、海経卒業生は前年度の約四分の一に減らされていた。練習艦は一隻で間に合うとされ、「磐手」だけが豪州方面へ旅立ったのだ。

ただし、この年度からは、大学や医専、薬専を卒業し、軍医中、少尉、薬剤中、少尉として海軍へ入ったばかりの初任軍医官、薬剤官も「研究乗組」（略して〝研軍〟といった）の名で、遠航に参加することになった。これで、技術科士官をのぞく正規海軍士官のヒナドリたちは、原則として全員、遠洋練習航海を体験し、鍛えられる仕組みになった。

しかし、単艦航海では日露戦争まえへ逆戻りだ。編隊を組んでする艦隊実習ができない。翌大正一五年の卒業生も人数は少なかったが（たとえば海兵は、前年とほぼ同じ六八名）、ふたたび「八雲」「出雲」で練習艦隊をつくり、ヨーロッパへ向かって出港した。

以後、単艦制にかえったことはない。だが、昭和二ケタ代に入り、日華事変が始まると、候補生教育の核心になる遠洋航海の内容は急速にプアーになった。ナポリ、マルセーユまで足を伸ばした昭和一二年度で、華やかな外国航海は終わりを告げた。一三年は南洋諸島やマ

3表　練習艦隊の編制と行き先
（三校候補生合同乗り組み以後）

年　度	艦　名	主な行き先
大正 9－10	浅間・磐手	世界周航
10－11	八雲・出雲	世界周航
11－12	磐手・出雲・浅間	世界周航
12－13	磐手・八雲・浅間	豪州・南洋
13－14	八雲・浅間・出雲	北米・南米
14－15	磐手	豪州
大正15－昭和 2	八雲・出雲	欧州
昭和 2	磐手・浅間	北米・南米
3	八雲・出雲	豪州
4	磐手・浅間	北米
6	八雲・出雲	欧州
7	磐手・浅間	豪州
8	磐手・八雲	北米
9	磐手・浅間	欧州
10	浅間・八雲	豪州
11	八雲・磐手	北米
12	八雲・磐手	欧州
13	八雲・磐手	南洋
13－14	八雲・磐手	南洋
14	八雲・磐手	ハワイ・南洋
15	香取・鹿島	近海

ニラ、バンコックへ行っただけ。一四年には、それでもハワイまで練習航海をおこなったが、これが遠洋練習航海の最後だった。せっかく、そのための「練習巡洋艦」を新造したというのにである。

昭和になってからも、いぜん明治時代の古色蒼然とした石炭焚き旧式艦が練習艦に使われていた。が、しだいに老朽化が進み、かつ第一線艦艇・兵器の進歩は、これらの艦による教育効果を不十分なものにしていた。そこで、ようやく昭和一五年になって、候補生教育専用に、初めから計画したフネが建造されたのだ。「香取」と「鹿島」の二隻。

排水量は五八九〇トン、兵装は一四センチ砲四門、一二センチ連装高角砲一基、魚雷発射管四門、かつカタパルトも一台設けて教育用に水偵一機を搭載した。最大一八ノットを出す機関は、タービンとディーゼルの併用で、機関科の実習にはもってこいだ。練習施設はじつにすばらしくなっていた。また司令官室なども、外国訪問のさい、貴顕を応接するのにふさわしいようこれまでの日本軍艦にはみられない、立派なしつらえだった。

昭和一五年六月一日、清水光美中将を司令官に迎え「香取」を旗艦とし、「鹿島」と両艦で、新装開店の練習艦隊が編成された。

八月に海兵六八期、海機四九期、海経二九期の卒業生と研軍を乗せ、まず近海航海に内地を発った。鎮海、旅順、大連、上海などをまわり、横須賀に帰るとバンコック方面への遠航準備に入った。ところが、一五年秋の国際・国内情勢は、さきほども書いたように、とても遠洋航海に出かけられるような雰囲気にはなかった。ついに九月二〇日、遠航中止、あわただしく練習艦隊は解隊されてしまったのだ。そして、二度と練習艦隊の編成されることはなかった。

ちなみに、三校卒業生が乗り組むようになってからの練習艦隊の概要を示すと、3表のようになる。

ＧＦ、四コ艦隊構成に

紀元二六〇〇年観艦式を終えるとまもなく、山本連合艦隊は太平洋の波がとみに高くなったなか、第三年目を迎えた。それは、かつてない大艦隊であった。ともあれ、4表にかかげた昭和一六年度ＧＦ編成表を見ていただきたい。一五年一一月一五日につくられた、年度当初のものだ。

それまでの平時連合艦隊は、何べんも書いてきたように、日華事変が四年もつづいていたが、第一艦隊と第二艦隊だけで成り立っていた。なのに今年度は、第四艦隊、第六艦隊という新顔が首を突っこんできたのだ。この四Ｆ、六Ｆについては後ほど触れることにするが、

4表　昭和16年度連合艦隊　　(S. 15. 11. 15現在)

第1艦隊	第 1 戦 隊	長門　陸奥
	第 2 戦 隊	伊勢　日向
	第 3 戦 隊	金剛　榛名
	第 6 戦 隊	加古　古鷹
	第1水雷戦隊	阿武隈　第6、第7、第21、第27駆逐隊
	第3水雷戦隊	川内　第11、第12、第19、第20駆逐隊
	第3航空戦隊	鳳翔　龍驤　第34駆逐隊
	第7航空戦隊	瑞穂　千歳
第2艦隊	第 4 戦 隊	高雄　愛宕　鳥海　摩耶
	第 5 戦 隊	那智　羽黒
	第 7 戦 隊	最上　三隈　鈴谷　熊野
	第 8 戦 隊	利根　筑摩
	第2水雷戦隊	神通　第8、第15、第16、第18駆逐隊
	第4水雷戦隊	那珂　第2、第9、第24駆逐隊
	第1航空戦隊	加賀　第3駆逐隊
	第2航空戦隊	蒼龍　飛龍　第23駆逐隊
	第1根拠地隊	
第4艦隊	第 18 戦 隊	鹿島　天龍　龍田
	第 18 戦 隊	沖島　常磐
	第6水雷戦隊	夕張　第29、第30駆逐隊
	第7潜水戦隊	迅鯨　第26、第27、第33潜水隊
	第3根拠地隊	
	第5根拠地隊	
第6艦隊	第1潜水戦隊	香取　大鯨　伊20　第1潜水隊
	第2潜水戦隊	長鯨　伊7　第7、第8潜水隊
	第3潜水戦隊	五十鈴　伊8　第11、第12、第20潜水隊
GF直率	第 17 戦 隊	厳島　八重山
	第4潜水戦隊	北上　第18、第19、第21潜水隊
	第5潜水戦隊	由良　第28、第29、第30潜水隊
	第6航空戦隊	能登呂　神川丸
	第1連合航空隊	高雄空　鹿屋空　東港空　峯風
	第2連合航空隊	美幌空　元山空　沖風
	第4連合航空隊	千歳空　横浜空　神威

一艦隊、二艦隊のなかみだけでも、一五年度前期編制の艦隊にくらべると、ずいぶん膨張していた。

一Fの方から眺めてみよう。第二戦隊の新編が目につく。わけありで二Sが編成されたのだが、その理由も、別に勿体《もったい》をつけるわけではないが後まわしにする。つぎは第三水雷戦隊の編成。この部隊は前年度なかば、一五年五月に編まれてすでに一Fに入っていたが、そのときより、さらに第一一駆逐隊、第一九駆逐隊が増勢されていた。

また、海上航空部隊にも、二つの新航空戦隊が誕生しているのが目立っている。前々年の一四年六月、当時の吉田善吾GF長官から、軍令部総長と海軍大臣あてに「主力部隊配属航空母艦ニ関スル意見」という具申がなされていた。従来、艦隊に配属されていた一航戦と二航戦は、もっぱら敵空母攻撃を主任務としていた。が、このほか、戦艦部隊の警戒と主砲砲戦威力の完全発揮には、一F専用の空母部隊も必要というのが意見書の趣旨だった。

第3次補充計画により建造された空母「翔鶴」

三六センチ砲、四〇センチ砲の砲戦距離は、改造によって、米海軍のそれと比較して数千メートルも延伸されていた。その長所を活かすには、いままでのような水上観測機でなく、運用に便利な艦上機を使おう、また、その観測機活用のさいや主力部隊上空の制空権確保にも、自前の防空戦闘機が欲しい。こんなところから、第一艦隊専用の航空戦隊が要求されたのだ。それには戦闘機二七機、複座機一二機以上を搭載する小型母艦が二隻あればよい、という内容だった。航空本部の関係者も、この意見に賛成した。

第三航空戦隊の編成はその実現であった。「鳳翔」「龍驤」の二隻で構成され、〝トンボ釣り〟には第三四駆逐隊がつけられた。「瑞穂」「千歳」の第七航空戦隊は、いわずと知れた水上機母艦部隊である。艦隊作戦での索敵、哨戒用に水偵二四機ずつを搭載する、できたて（瑞穂は昭和一四年、千歳は一三年竣工）の母艦だ。ついでに書くと、水上機母艦航空戦隊がつくられたのは、昭和一一年六月一日に「能登呂」「神威」の二艦で三航戦が編成され、連合艦隊所属となったのが最初であった。

さきほどの吉田GF長官からの意見書が提出される二た月ほどまえ、一四年四月に、軍令部次長から海軍次官へ「戦時艦船飛行機搭載標準」に関して協議が申しこまれている。文書の上でやりとりされたが、このころ軍令部では、空母群を三分して使用する考えをもっていたようだ。

(1)機動航空部隊――搭載機としては艦爆に重点を置き、敵航空母艦攻撃を主任務に。

(2)決戦夜戦部隊――前進部隊すなわち第二艦隊に所属し、夜戦や決戦のさい敵戦艦を攻撃。したがって搭載機は艦攻に重点を置く。

(3)直衛部隊――戦艦戦隊の付近に配備して、対空対潜警戒、防御に専心。搭載機は艦戦と艦攻だけ。

というのだが、(3)項の案は、まさに吉田意見書にうたわれた部隊そのものだ。

かねがね、戦艦の隻数ではアメリカ海軍に何としてもかなわない日本海軍は、空母数については対米均等を保持しようと努力していた。個艦排水量はともかくとしてである。

昭和一二年の軍備補充計画、いわゆる③計画で建造する「翔鶴」「瑞鶴」、一四年の軍備充実計画・④計画による「大鳳」を(1)の機動航空部隊に充当し、全七隻で編成する。また、(2)の決戦夜戦部隊には「赤城」「加賀」のほかに大型優秀商船を改装した五隻をあて、これも七隻編成とする。こういう構想であった。

「夜戦隊」の基盤成る

そして、この一六年度の艦隊で特徴的なのは、第一艦隊にこれまでいた一航戦が二Fへ移されたことであろう。

航空威力の躍進がめざましくなった一四、一五年ころ、艦隊主力の砲戦決戦まえにわが空母部隊の全力をあげて敵空母陣を壊滅し、余力をもって戦艦部隊にも攻撃をくわえよう、という思想がきわめて濃厚となっていた。いうところの〝航空決戦〟ないしは〝制空権下の艦隊決戦〟思想である。

まえに記した、小沢一航戦司令官の「航空艦隊編成ニ関スル意見」は昭和一五年六月に提出されたのだが、すでにそのとき、軍令部でも母艦統一指揮・運用の考えをもっていたのである。

しかし、当時、こういう方式の実行には連合艦隊司令部、とりわけ第二艦隊司令長官古賀峯一中将が猛反対であった。空母部隊は、戦艦中心の決戦上、各艦隊分属でなくては困るというのだ。

けれど結局、第一航空艦隊の編成で空母集中使用は実現するのだが、当面、一六年度ＧＦの発足では第一艦隊に新編の三航戦を置き、一航戦、二航戦はまとめて第二艦隊へ所属された。こうすることによって、運用いかんで機動航空部隊としても、あるいは決戦夜戦部隊としても使用可能になるからだ、と、筆者は推測している。

それから二Fでは、第五戦隊の復活も見られた。じつは一五年なかばに「那智」「羽黒」で再編されており、これで重巡部隊は第四、第五、第六、第七、第八戦隊と五コ戦隊がGFに充当されることになった。この意義は大きい。

さきほどの三水戦の編成で、連合艦隊内の水雷戦隊は第一から第四まで四コ部隊そろった。日本海軍は、日清、日露戦役の昔から、よく知られているように水雷艦艇による夜襲を伝統的戦法としてきたが、ワシントン軍縮条約以後はとりわけ夜戦に力を入れていた。昭和一〇年、無航跡・超遠達の九三式魚雷が兵器採用され、一三年から艦隊に供給されるようになると、大規模な水雷部隊の夜戦方式は確固としたものになった。

その夜襲では、敵主力艦隊をとらえた味方部隊が、前に記したように「四ツ固め」と称する態勢にもちこみ、彼らの左右、前よこの四方向から一斉に襲いかかるのを理想的形態の一つとしていた。それには、当然、四コの水雷戦隊が必要となる。

また、敵の警戒部隊がわが襲撃を阻止しようと反撃してくるのは必然だから、それを排除するためにかなり大きな砲力をもつ掩護部隊が要る。そこで考案されたのが、一コ重巡戦隊と一コ水雷戦隊を組み合わせた「夜戦隊」である。重巡戦隊は、自隊とペアになった水雷戦隊を最後まで護って突撃させ、かつみずからも魚雷攻撃を敢行して襲撃効果を最大にあげようというのが狙いだ。

だから、昭和一六年度のGF編制で初めて、いざというとき、第一夜戦隊＝第五戦隊、第一水雷戦隊

第二夜戦隊＝第七戦隊、第二水雷戦隊
第三夜戦隊＝第六戦隊、第三水雷戦隊
第四夜戦隊＝第八戦隊、第四水雷戦隊

の四コ夜襲部隊の編成が可能になったのだ。

第四戦隊は、第二艦隊長官が〝夜戦部隊指揮官〟として直率し、突撃戦にはくわわらず、高速戦艦戦隊の第三戦隊と随所に行動して麾下部隊を掩護するのを主任務とした。しかし、こんな多数艦艇から成る大部隊の実際の演練は、保安上の見地からもなかなか実行が困難だ。実情は、海大などでの図上研究にとどまっていた。

こうして、第一艦隊と第二艦隊に関しては、部隊編制面での戦備態勢はととのったのである。

昭和一六年度GF、はやめに訓練開始

緊迫した世界情勢を反映して、山本艦隊の昭和一六年度教育訓練はいつになくはやく開始された。山本五十六中将は一五年一一月一五日付で海軍大将に昇進したが、とりわけ大げさな祝賀行事もなかったようである。

例年なら、艦隊各艦は母港で正月を迎え、二月はじめごろ作業地へ集合するのがふつうだ。だが、この年度は暮れの一二月早々に母港を抜錨し、七日には瀬戸内海室積沖に艦隊は集結した。といっても、四F、六Fはべつだ。旧来どおり、決戦部隊である一艦隊、二艦隊だけ

の集合であった。

横鎮所属の艦艇など、観音崎をかわすとさっそく訓練を開始する。この時季、室積沖は風浪がつよく、寒気もきびしくて各艦とも作業や教練の実施にだいぶ苦労したようだ。ある艦では魚雷の教練発射で八本を射ち出したところ、全部命中したのはよいが、一本が沈没してしまった。翌日、翌々日……と、不気味に押しよせてくる大きなウネリをおかして捜索をつづけたが、ついに発見できなかった。艦隊は三田尻沖に移って碇泊訓練を続行する。

いよいよ年の瀬もつまったので、一Fは二九日、別府へ休養に行き、二艦隊のほうはそのまま三田尻に残った。艦載水上機群は佐伯に基地を設営して、連合訓練に入る。それでも正月だ。大ミソカには舷門に松飾りをかざるなど、迎春の準備をした。

明けて昭和一六年一月二日、はやくも旗艦「長門」以下の第一艦隊は、別府を発って佐伯湾へ向かった。四国、九州地方はこの日いったいに雨が降っていたが、各艦はパラベーンを引っ張っての防雷航行やら潜水戦隊襲撃にたいする防戦、高角砲・機銃射撃などの訓練をくりかえしながら、夜半、無灯火のままぶじ佐伯湾へ入泊した。とにかく、日本艦隊はいったん錨を揚げて動き出したら、なんらかの訓練をするのだ。たとえ、短時間で終わる移動航行でも。

一方、二Fはその二日の日、雨天のため天幕を張って武道や相撲のわざをきそい、軍楽隊の演奏に耳をかたむけあるいは演芸会を催して、作業地新年の一日を楽しんだ。そして、三日の朝はやく三田尻を抜錨すると、すぐさま元始祭の遙拝式をすます。つづいて臨戦準備、合戦準備、各部戦闘教練と、乗員は忙しく艦内を走りまわり、午後、休養地別府湾内へ投錨したのだ。

温泉につかって息抜きすること数日、七日夕方にはふたたび作業地へ向け出港である。その夜は一睡もせず、たがいに襲撃したりされたりの夜間教練についやし、艦隊は土佐湾へ入った。またも碇泊地訓練だ。

戦艦「長門」と九六式陸上攻撃機

そしてときに、錨を揚げて洋上に出て、第一類教練作業を実施することがある。射撃、魚雷発射、応急、高速運転、戦闘工作……一連的にくりひろげられる教練だ。付随して、主計科では戦闘烹炊で握り飯をくばったりもする。
各艦が交互に行なうので、当日の戦技実施艦には僚艦から何十人、何百人と検定委員、委員付（下士官）が乗りこんでくる。成績が厳密に審査され、有事に役立てるためのデータが蓄積されていくのだ。したがって、この教練成績は下士官兵の勤務評定ともなるので、彼らも一生懸命たらざるを得なかった。作業地訓練中は、一般乗員の入湯上陸とか半舷上陸とかは許されない。ときたま、数時間ずつの保健散歩上陸が許可されるだけだ。まったく陸と縁を切って訓練にはげんだ。

第二艦隊は一月一九日午前、抜錨してこんどは紀伊水道へ艦首を向けた。この日は、一Fも佐伯を出港し、二Fといっしょに年度第一回目の連合艦隊基本演習を行なっている。二Fの小松島入港は、黎明時の水雷戦隊襲撃教練を終了したあと、午前一〇時であった。ただし同じ艦隊内でも、航空戦隊は別行動をとることが多かった。

そのころ、第二戦隊「伊勢」艦長は、乗員にこう訓示している。

「今やわが国は、米英その他の国から経済封鎖をうけ、真綿で首をしめられているような状態である。なるがゆえに、われわれはますます訓練にはげんで、戦力の増強に務めなければならない」

海軍歴の長かった人に言わせると「月月火水……」の猛訓練が、その文句どおり最高潮にたっしたのは、昭和一六年の艦隊だったそうだ。作業地で一〇日か半月くらいの激しい碇泊訓練を終えると出港。ただちに教練開始、そして合同の基本演習に移る。演習が終了して数時間もたつと、こんどは応用教練、あるいはその逆の順序で訓練だ。

そんな航海が数日つづくと、また別の作業地へ入港して碇泊訓練の再開。とくに航海中は、大げさにいえば全員寝るひまもないほどだった。しかも、このパターンが繰り返しくりかえし連続されていく。だから、泊地に投錨すると、疲労のため、とたんに診察室の入口をくぐる兵員が増えたらしい。なかには「もう、進級しなくてもよいから、どこか楽なところへ転勤させてくれ」と、悲鳴をあげる下士官兵も出るありさまだった。

このような激烈というか苛烈というか、火で焙《あぶ》るような前期訓練が終了して各艦母港へ帰ったのは、例年よりずっと早めの三月下旬であった。

〝出師準備〟発動

「出師《すいし》」「出師準備」――こんな言葉をご存知だろうか？

〝出師〟とは軍隊を出すこと、出兵の意味だというが、むろんその出所は古い時代の中国だ。また、かつて海軍大学校で使用し、現在、防衛研究所戦史部図書館に所蔵されている『出師準備計画講義摘要』という書物によれば、「出師準備とは国軍を平時の態勢より戦時の態勢に移し、かつ戦時中これを活動せしむるに要する準備作業を謂う」と説明されている。陸軍にはこの言葉はない。相当する用語は「動員」だった。海軍では日清戦争まえから〝出師準備〟と言っていたそうだから、ずいぶんカビの生えたような言葉を昭和の御代まで大事に使っていたものだ。

平時から、軍隊は有事にそなえ準備されてはいたが、常備されている部隊編制、装備が即戦争に通用したわけではなかった。局地に突発した紛争や事変を鎮圧するには、平時編制部隊の一部充当でも事たりることが多かったが、国運をかけた大戦争への対処には、ぜひともそれなりの膨大な事前準備が必要だった。だから、つねに、軍政を担当する海軍大臣は、軍令部が毎年作成する「年度戦時編制」とか、「年度作戦計画」などにもとづいて「年度出師準備計画」も作案していた。

近代戦は国家総力戦だ。第一線に立つ海軍の戦争準備は艦船、航空機、兵器、その製造原料や材料、艦隊を動かすのに不可欠な燃料、さらに戦時には急増させなければならない人員の手当て……あらゆる面、部門に細密な計画をたてて平素から実施していた。これが「軍備計画」だが、内容の性格上、これで十分という段階にはいつの時代にも到達しない。

軍備はたがいを敵と想定する国どうし、相対的なものだからだ。したがって、軍備計画により現在保有している平時準備を骨幹とし、戦時態勢に転移させるプログラムが出師準備計画である。そして、艦隊その他が〝もう、いよいよこれでやるんだ〟という「年度戦時編制」の実施時までに成しとげておかなければならない準備作業を「出師準備第一着作業」とよんでいた。

ヨーロッパ戦線ではドイツ軍の快進撃ぶりが目立ち、いわゆる〝バスに乗り遅れるな〟の言葉にあおられて、日本は独・伊と三国同盟を結んだ。また、その動きと同調して北部仏印に軍隊を進める。

反映として、日米の関係はきわめて緊張の度を強めた。両国が戦うとなれば、主役となるのは双方とも海軍だ。日華事変解決のメドがまったくたっていないのに、昭和一五年後半、日本の周囲には、いっそう大きな戦争の影が色濃く近寄りはじめた。好ましいことではなかったが、出師準備の必要性が高まったわけである。

一五年一一月一五日、及川古志郎海軍大臣は、ついに部内へ出師準備の発動を下令した。準備案は軍令部が中心となって海軍省、艦政本部、航空本部合同で練られ、さらにそれは閣議の承認をへてから天皇の名のもとに発動されたのだ。ただし、ここでおことわりしておかなければならないのは、出師準備の実行は、戦争になったさい、それに対応できる万般の用意をととのえるのが目的であって、戦争開始を決意したのではないということだ。日本の対米英戦決意は、ずっと先になる。

海軍が正式に出師準備を発動したのは、日露戦争以来だったが、第一着作業は、かねがね約三ヵ月で仕上げたいと望んでいた。緩急順序はまず連合艦隊を首位とする外戦部隊、つぎに補給部隊、それから鎮守府部隊をベースにする内戦部隊としていた。だが、当時の海軍の整備状況は、個艦の状況、艦隊の編制どちらも急場に間にあいそうもなかった。整備の重要な後押しをする、国内工業力もしかりだった。そこで、一五年、一六年ごろの海軍当局は〝四ヵ月完了〟を目途にしていた。

それにしても、一六〇日の準備期間では忙しい。そのため、海軍では万一にそなえ、日華事変が勃発した直後の昭和一二年八月から、「戦備促進」と称して出師準備のウォーミングアップに入っていた。事変の拡大にともない、第三国よりの干渉がかならずや増大すると見越したからだ。南洋群島や千島の航空基地急速整備がひそかに開始される。

しかし事変は片づかない。想定される敵国との国交上の摩擦も増えてきた。そんな状況下の一四年四月、軍令部は連合艦隊を戦時編制に近い状態に充実し、いざ開戦というときは、この部隊を基幹に第一段作戦を実施しようと考えた。「応急戦時編制」と呼称したが、こうすれば、事変下の戦備促進作業に目標をあたえることができるし、出師準備を下令した場合には、中間のジャンクションにもなると発想したのだ。

一四年夏ごろに、それは内示されている。だが、内示後も発動はなく、昭和一五年度の艦隊は、ただ一五年四月を目標として、計画された第一応急戦時編制に近づくように努力がなされた。

第六艦隊の新編

さっき書いた第五戦隊、第三水雷戦隊の新編は、じつはこの計画実現の一環であった。第四艦隊の充実もそうだ。華北方面の作戦を担当していた四艦隊は、一四年一一月一五日に新編・第三遣支艦隊にその任務をゆずり、「年度作戦計画」上の本来任務、すなわち南洋方面の配備についていた。

編成時の兵力は小さく、「千歳」「神威」の第一七戦隊と、艦隊付属として第三〇駆逐隊が置かれているだけだった。しかし、応急戦時編成によって、まず飛行艇の横浜航空隊が追加され「多摩」と「常磐」から成る第一八戦隊、それから第九、第一三、第二一潜水隊で編成される第五潜水戦隊（旗艦「由良」）が増強された。

といっても、水上機母艦「千歳」をのぞいては旧式艦が多く、戦力としては大きいものではなかった。「常磐」などは、日露戦争のとき上村第二艦隊中の一装甲巡洋艦として活躍した古豪だ。主砲は二〇センチだが、四F編入まで七年間もグリスで固めてあった代物。火薬も古く、戦闘射撃の実施にもはなはだ不安が残ったという。それでも、パラオ、トラック、ポナペ、ヤルートと巡航し、機雷敷設かたがた防備隊の砲台建設訓練を実施している。

昭和一二年一〇月一六日に「艦隊平時編制」が改定されたさい、あらたに「第四艦隊」も編制表に入っていた。だから、このとき、大演習時に予備艦などをかき集めて臨時編成する部隊でなく、建制の艦隊として発足することになったわけだ。

四Fの行動区域は他艦隊以上に広かった。仏印、シャム（タイ）、マレー半島、南緯二五度以北、東経九五度以東、東経一七五度以西の外南洋各諸島（豪州をふくまず）も入っていたのだから、それにしては弱小な兵力だった。付属になった浜空は、この年、内南洋の島々をめぐって基地調査や台湾方面で行なわれた演習に参加したのである。

第２潜水戦隊の主力となった「伊１」型

応急戦時編制を目標とした戦備促進は、ますます推し進められていった。予備艦の在役化が進捗し、昭和一五年九月現在では、外戦部隊に所属する主要艦艇は、隻数で全保有数の約五七パーセントを占めるまでにのぼっていた。戦艦は六隻、空母は四隻、重巡一四隻が在役艦になった。各鎮守府の警備艦までくわえると、約七五パーセントがいちおう行動可能の状態に達していた。

そして、先ほど記したように出師準備の正式発令になった日は、一五年一一月一五日だったが、同日付で「第六艦隊」が編成された。新顔の潜水艦だけの部隊である。

従来は、一F、二Fのそれぞれに一コ潜水戦隊が所属していた。もっぱら、いかにして敵の戦艦や航空母艦を撃沈し、味方水上部隊をたすけるかの訓練に努力を傾注していたわけだ。

しかし、もし対米戦争が始まったならば、潜水艦はより大きな役目をはたさなければならなかった。主力部隊や前進部隊とは別個に〝先遣部隊〟として、艦隊決戦に先だって潜水艦独自の作戦を展開しなければならないのだ。それには多数艦の集中使用が望まれる。そんな戦略・戦術上の要求から、保有していた伊号潜水艦のおよそ七割を一人の指揮官の手にゆだねる第六艦隊が誕生したのであった。

練習艦隊解隊で体のあいた「香取」を旗艦として、司令長官には平田昇中将（海兵三四期）が任命され、一線級の精鋭潜水艦ばかりが配属になった。

構成戦隊は「伊六八」型の新式海大型潜水艦を主とする九隻編成の第三潜水戦隊、「伊一」型の巡洋潜水艦を主軸の第二潜水戦隊七隻、それから最新の甲型、乙型、丙型潜を完成しだい編入して、開戦時には一二隻に達する第一潜水戦隊だった。

第六艦隊の作戦目的は、来攻するアメリカ艦隊をどのように捕捉し、攻撃して漸減し、わが主力艦隊の決戦を有利に導けるよう、補助することができるかに尽きていた。それは従来の潜水艦使用方針でもあったのだが、この六F新編で、効率化が期待されたわけであり、斬新さがあった。そして、以上の約三〇隻が、当時、艦隊決戦にあるいはハワイや遠く米本土西岸にまで遠征できるオール・キャストだった。

艦なきフリート第一一航空艦隊

ところで、日本海軍が考えていたような潜水艦作戦で根本となるのは、潜水艦性能が長期行動に適するか否かということである。そのころ、まだこの点に疑問が残されていた。二潜戦の各艦は、他戦隊よりやや型は古いが長距離行動には向いている。そこで、この戦隊を使い、戦時に予想される航海を実施してみることになった。「伊七潜」を戦隊旗艦にし、山崎重暉司令官みずからが同艦に乗りこみ、七隻の潜水艦で南洋方面へ出動したのだ。

南洋群島を内地から数千マイル離れた敵艦隊の所在地と想定し、その敵艦隊には同方面にいる第四艦隊が仮想された。二潜戦には巡潜のほかに海大型の潜水艦もいる。研究演習は一六年二月下旬から開始され、巡潜型は六〇日間、海大型は四五日間を最大限度として、しつように敵艦隊につきまとった。

敵からの発見をさけるため、日中は一四、五時間も潜航する。艦内温度は居住区で三五度、電動機室では四〇度くらいにハネ上がった。高温・高湿と空気の汚濁とで、乗員の思考力や根気も低下する。体調もくずれがちになる。だが、なんとか、わが潜水艦は長期行動に耐えうることが実証された。またさらに、艦の性能や搭載兵器、被服、糧食など広範囲にわたって、改善のための教訓が得られたのは貴重な成果であった。

第六艦隊は一一月一五日の編成と同日、連合艦隊に入れられたが、独立艦隊だった第四艦隊も、この日、連合艦隊に編入となった。

それから間もなくの昭和一六年一月一五日、もう一つ新しい艦隊が編成され、これも即日、GF編入の処置がとられた。

この部隊はまったく珍しい艦隊だった。軍艦がいないのである。従来は、艦隊令という定めによって「艦隊ハ軍艦二隻以上ヲ以テ編成シ必要ニ応シ之ニ駆逐隊、潜水隊、水雷隊、掃海隊又ハ駆逐艦、潜水艦、水雷艇、掃海艇ヲ編入シ、港務部、防備隊、航空隊、特務艇等ヲ付ス」と、編成法がきめられていた。

しかし、昭和一五、六年のころには航空機の進歩はいちじるしく、中攻、飛行艇など機体は大型化され、かつ威力は増大して航空隊数も大幅にふえていた。そのような新戦力の効果を最大に発揮させ海洋作戦に用いるためには、旧来のように、各鎮守府にバラバラに分属させておいたのでは意味がない。すべからく、集中威力を発揮させるにしかずだ。

日華事変が起きてからは「特設連合航空隊」の制度ができ、航空隊二隊以上で、海上部隊の戦隊規模のスコードロンを編成して、中国大陸の作戦に従事させていた。昭和一二年七月一一日に第一連合航空隊、第二連合航空隊の編成されたのが最初だったが、しだいに増設され、一五年一一月には四連空がつくられた。それらは三艦隊や二艦隊に所属して大陸に出征したり、あるいは内地にもどって連合艦隊で訓練したりをくり返していた。

連合航空隊システムの成果はあがっている。が、さらにこの基地航空部隊を、艦隊レベルで統一してはいかん、との声が出はじめた。一四年なかばごろからのようだが、作戦指揮のうえでも訓練の整合上からも、工合がよいというのだ。

けれど、それには法令の改正が必要だった。そこで、さきほどの艦隊令規定の「艦隊ハ……」のつぎに「又ハ航空隊二隊以上ヲ以テ編成ス」と書きくわえたのである。結果、まず現存する第一、第二、第四連合航空隊を、それぞれ第二一、第二二、第二四航空戦隊と改称した。三連空は解隊されたのだが、空母戦隊との区別をはっきりさせるため、これらの部隊には「二〇番台」の番号がつけられた。

そして、新編の三コ航空戦隊で編成されたのが、艦なきフリート「第一一航空艦隊」であった。初代司令長官はテッポー屋出身の片桐英吉中将、当然ながら艦隊司令部は地上にある。だが、戦局に応じて重要作戦正面に、所属全部隊を急速集中し、指揮しなければならないために、随時基地を動く移動司令部的性格をもっていた。

こうして、艦隊編制面での出師準備作業は着々と進んでいった。

「一航艦」新編「三F」「五F」再編

昭和一五年末から一六年初頭にかけ、第六艦隊、第一一航空艦隊と斬新なフリートの誕生があいついだが、四月一〇日、またもユニークな艦隊が新編された。その名を「第一航空艦隊」という。

一一航艦は陸上基地航空部隊だったが、こんどの一航艦は空母艦隊である。どうして、こういう艦隊が編制されるにいたったかの経緯は、かつて何度かおおよそを書いておいたので、もうお分かりのことと思う。〝決戦用空母全艦集合〟であった。「赤城」「加賀」の第一航空戦隊、「蒼龍」「飛龍」の二航戦を第二艦隊から移し、「龍驤」単独で第四航空戦隊を新編すると、以上の三コ航空戦隊でエアー・フリートを発足させたのだ。艦隊の略符号にはAFが使われることになった。

初代司令長官は南雲忠一中将（海兵三六期）、参謀長は草鹿龍之介少将（海兵四一期）が補職された。

のちに太平洋戦争が開戦されて初めてわかることだが、日本海軍が列国に先んじて、航空艦隊という独立した戦略単位を採用したことは賢明だったたし、それだけ海軍航空が実力と自信をつけていた証拠でもあった。

しかし、厳密には戦略単位とはいえない部隊だった。各航空戦隊に警戒用の駆逐艦をつけただけのもので、片腕となるべき巡洋艦などはふくまれていなかった。わが海軍の航空用兵思想は進歩していたと威張ってみても、開戦八ヵ月まえは、じつはこのていどの認識しか部内ではもっていなかったのである。が、ともあれ、母艦兵力を一本化した建制部隊が生まれたわけだ。艦隊編成と同時にGF編入となり、さっそく真剣な猛訓練と研究がくりひろげられはじめた。

また、この四月一〇日には、いっしょに「第三艦隊」も編成されている。三Fは、年度戦時編制のうえでは明治時代から存在し、日露戦争にも働いた。一F、二Fが精鋭決戦部隊なのにたいし、やや旧式艦があてられるしきたりになっていた。したがって、部隊使用目的は要地攻略とか決戦時の予備隊だ。平時でも、前に書いたとおり、昭和七年二月から一四年一一月まで「出雲」を旗艦に中国方面で警備、作戦に従事していたが、第一遣支艦隊の編成と同時に姿を消していた。

今回の出師準備でふたたび名乗りをあげたのだが、やはり内容《なかみ》はパッとしない。軽巡「長良」「球磨」で第一六戦隊が編成され、「長良」が高橋伊望中将（海兵三六期）を司令長官にいただく艦隊旗艦になった。機雷敷設の「厳島」「八重山」の第一七戦隊が、GF直属から移ってきた。軽巡「名取」を旗艦とし、第五、第二二駆逐隊から成る第五水雷戦隊は新編での編入。ここの駆逐艦も新品とはいえない。「能登呂」と「神川丸」の第一二航空戦隊も、連合艦隊直属から転入してきたのだ。

なお、一二航戦の前称は第六航空戦隊。このときを機に、水上機母艦航空戦隊には「一〇番台」の番号があたえられることになった。

潜水部隊も組みこまれた。第六潜水戦隊が入ったが、潜水母艦「長鯨」を旗艦に第九、第一三潜水隊で構成される新編部隊だった。各隊「伊一二一型」二隻ずつで、昭和二、三年にかけて竣工した古い艦だが、機雷敷設用設備をもっていた。

そして三艦隊には、第一根拠地隊、第二根拠地隊の二コ「特設根拠地隊」がふくまれている。〝根拠地隊〟なんていう言葉は、本物語でも初めて書く海軍用語だが、簡単にいうと前進根拠地の防衛と、その付近海面の警備、それから港務管理をつかさどるのが主な任務だ。配下には防備隊や航空隊、通信隊、掃海隊などの艦船部隊、特設艦船部隊がつけられる。こんな部隊が編入されていることも、第三艦隊の決戦部隊ではない性格を裏づけていた。

編成後まもなく、支那方面艦隊に協力することになった。海峡部隊として、温州・アモイ間の沿岸警備についた。だがそうしながらも、司令部では対米英戦争開始のさいの敵地攻略戦を予想して、海上護衛やら上陸戦、港湾防備などの訓練を重視し、ひそかにその研究に力を入れていた。

さらに三ヵ月後、昭和一六年七月二五日に「第五艦隊」が編成された。以前書いたように、この艦隊は一三年二月、日華事変解決のため華南作戦用に置かれていたことがある。が、任務を第二遣支艦隊にゆずって一四年一一月に解隊されていた。

一六年六月二二日の独ソ開戦により、第二次欧州大戦は全ヨーロッパに拡大する。四月に日ソ中立条約を結んだばかりというのに、わが国の一部はこれを好機と判断した。陸軍は、対ソ作戦準備強化をねらって「関東軍特種演習」いわゆる〝関特演〟を発動した。そこで、万一対ソ戦が開始された場合に、協力するフリートとして編成されたのが、第二代「第五艦隊」なのだ。開隊即日GF編入、司令長官には細萱戊子郎中将(海兵三六期)が任じられた。

横須賀で、旗艦「多摩」に司令部をひらくと、まず佐伯湾へ行った。山本長官と打ち合わせをすまし、八月四日舞鶴着、ここで艦隊集合をおえた。もともとこの艦隊は、年度作戦計画のなかで対米英戦のときには本土東方海面で作戦し、対ソ戦のさいは日本海および沿海州方面で戦うことを予定された部隊だからだ。

したがって兵力は小さい。最初は軽巡「多摩」「木曽」の第二一戦隊と、直率部隊として水雷艇「鳩」「鷺」が二隻いるだけだった。ただちに対ソ作戦の準備に着手、八月中旬から九月初旬にかけて北海道、樺太方面を行動したあと、ふたたび舞鶴に帰着した。ところが、対米関係はわが陸海軍が七月、南部仏印に進駐したことで急速に悪化する。九月六日の御前会議で「帝国国策遂行要領」が決定されるとソ連どころではなく、アメリカ、イギリスに対しての戦備に、いっそう拍車をかけなければならなくなってしまった。五Fの任務も急転して、本来の対米英戦対処に変更された。

「南遣艦隊」がつくられたのも、一週間後の七月三一日だったが、この艦隊新設のいきさつについてはすでに記したので、ここでは省略しよう。

「昭和一六年度帝国海軍戦時編制」発令

「昭和一六年度帝国海軍作戦計画」と、同じく「帝国海軍戦時編制」が天皇から裁可されたのは、一五年一二月一七日だったそうだ。つぎつぎと新しい艦隊が編成、連合艦隊へ編入されていったのも、こういう予定計画にしたがって進められた作業だったわけだ。

第一艦隊を筆頭に、第二、第三、第四、第五、第六と順番号に艦隊がそろった。さらにそのうえ、第一航空艦隊、第一一航空艦隊ときわめてユニークな艦隊までつくられ、山本連合艦隊はかつてない一大グランド・フリート、文字どおりのGFにふくれあがった。永野軍令部総長が「年度戦時編制ニ略近ク強化サレマシテ、緊急ノ事態ニ即応シ得ル状態」になったと、上奏したのもムべなるかなであった。

5表　「昭和16年度帝国海軍戦時編制」発動時の外戦部隊　(S. 16. 9. 1)

連合艦隊	第1艦隊	第1戦隊
		第2戦隊　第3戦隊　第6戦隊 第1水雷戦隊　第3水雷戦隊 第3航空戦隊
	第2艦隊	第4戦隊　第5戦隊　第7戦隊 第8戦隊 第2水雷戦隊　第4水雷戦隊
	第3艦隊	第16戦隊　第17戦隊 第5水雷戦隊　第6潜水戦隊 第12航空戦隊 第1根拠地隊　第2根拠地隊
	第4艦隊	第18戦隊　第19戦隊 第6水雷戦隊　第7潜水戦隊 第3根拠地隊　第4根拠地隊 第5根拠地隊　第6根拠地隊 付属部隊
	第5艦隊	第21戦隊 付属部隊
	第6艦隊	第1潜水戦隊　第2潜水戦隊 第3潜水戦隊
	第1航空艦隊	第1航空戦隊　第2航空戦隊 第4航空戦隊　第5航空戦隊
	第11航空艦隊	第21航空戦隊　第22航空戦隊 第23航空戦隊　第24航空戦隊 付属部隊
	連合艦隊司令長官直率部隊	第11航空戦隊 第4潜水戦隊　第5潜水戦隊 第1連合通信隊
	GF付属部隊	
支那方面艦隊	第1遣支艦隊	直率砲艦部隊 付属部隊
	第2遣支艦隊	第15戦隊 付属部隊
	第3遣支艦隊	直率部隊 付属部隊
	海南警備府部隊	
	CSF付属部隊	上海方面根拠地隊 上海海軍特別陸戦隊　その他
	南遣艦隊	直率部隊（香椎、占守）

ならば、このような艦隊をひっさげて、この年度、アメリカ海軍と〝もしも〟のことが起こったならば、日本海軍はどんなふうに戦さをするつもりだったのだろう。

初動、第一段作戦での艦隊配備は、新編・第一航空艦隊のあらかたを連合艦隊主力とともに、本土近海に置いておく。統帥部では、一AFをハワイ攻撃に使おうなどとは考えていなかったし、GFからもまだ話はなかった。念を押すまでもなかろうが、これは一五年一二月裁可時点での計画である。戦略的には従来どおり〝来攻敵艦隊邀撃・艦隊決戦〟、それに先行して〝南方要地攻略〟だった。

そのため、第一一航空艦隊は第二、第三艦隊といっしょに、フィリピン占領作戦に参加するときめられた。わが陸軍主力はルソン島リンガエン湾に上陸を予定されている。ほかに開戦劈頭、四Fの海軍部隊だけでウェーキ島を占領することも計画に入った。

それが終了すると、第二段作戦だ。本土近海でわが主力艦隊が決戦を行なうとき、第一航空艦隊も同時にこれに参加する。いっぽう、一一AFは四艦隊とともに南洋諸島方面に基地を展開して、決戦に協力するものと策定された。いずれにしても、新顔・航空艦隊はまだ補助部隊の域を出ていないのである。

一五年一一月いらい、出師準備第一着作業は着々と進捗していたが、それは、国際情勢に緩和のきざしが見られれば、いつでも兵力を減らすという腹づもりのもとにであった。だが、実情はますます悪い方向へ動いていった。米英蘭三国の日本資産凍結につづいて、米国は石油の対日輸出を全面的にストップした。日本海軍が、「これはどうしても立たざるを得ないのではないか、それならば……」と本気で覚悟したのは、そんな一六年八月ごろだったと推測される。

八月一五日、「出師準備第二着作業」の一部が発動された。第一着作業は戦時編制発令までに完了するのをメドとしていたが、第二着作業は、その後に実施される準備をさす。

つづいて九月一日、ついに「昭和一六年度帝国海軍戦時編制」の実施が発令された。艦隊編制そのものは、これまで述べてきたように、逐次ととのえられてきている。大スジを5表にかかげてみたが、これをご覧になって何か気づかれるところはないだろうか？

GF長官と一F長官を分離

第一戦隊が一Fから分離されているのだ。

従来、慣例として連合艦隊司令長官は、第一艦隊第一戦隊の旗艦である戦艦に座乗していた。〝指揮官先頭〟――それは、日露戦争の東郷サン以来の不動の伝統だった。いや、日清戦争のGF長官伊東祐亨中将にさかのぼることもできる。

小範囲の局所海面で艦隊決戦を生起させ、そんな決戦一、二回で戦争の帰趨がきまる短期戦ならば、GF長官が主力艦隊の指揮をみずからとる方式もよかった。

しかし、水上艦船、搭載兵器、そして航空機、潜水艦の進歩発達は、わずか三、四十年のあいだに海軍の戦闘を大きく変化させていた。海面、空中、海中と立体的戦闘になり、かつ、きわめて広範な海域で戦われることは必至であった。そのうえ、島嶼争奪をめぐっての陸上戦闘も海戦に関わりをもち、しかも戦争は国家総力戦になるので長期化することが見込まれよう。戦さの複雑さは増す一方だ。GF内の艦隊が八コにも増大したのは、このへんに理由があった。となると、連合艦隊司令長官が一F長官を兼務して、主力部隊の指揮に足をしばられるのは好ましいことではなかった。

そこで、山本司令部は「独立旗艦」に乗り、局部にとらわれず麾下全艦隊を統率し、第一艦隊は専務司令長官をおいてまかすことを発想したのだ。独立旗艦には予備艦一隻が必要だったので、「長門」「陸奥」の第一戦隊を直率することにした。一Fには、高須四郎中将（海兵三五期）が四F長官から転じ、第二戦隊の「日向」を旗艦として指揮することに改められた。八月一一日の改定である。まえに『GF、四コ艦隊構成に』のところで、一六年度艦隊発足のとき、二Sが一Sから分離・独立したのは〝わけあり〟と書いたが、こういう理由が一つにはあったのである。

けれど、あの進歩的戦略戦術思想の持ち主、小沢治三郎中将は、最初この案に反対だったそうだ。「そういう考え方は米国式で、日本海軍には不適当」と意見を具申したのだという。

ともあれ、一六年度のGFはこの「司令部分離」と、六F、一AF、一一AFの新設でじつにモダンな編制になった。

艦隊の新編と並行して、連合艦隊所属各艦は一一月いっぱいまでに、出征まえの必須工事を完了する処置がとられた。

たとえば、GF旗艦の「長門」。一時、山本大将の将旗を「陸奥」に移し、四月上旬から主砲砲身の換装と砲塔前楯、バーベットの甲鉄増厚工事に入った。大砲の命数《めいすう》（寿命）は、一発発射するごとに火薬ガスのため腔中《とうちゅう》（砲身内部）が侵食されるので縮む。かつ、それは口径に反比例するので、四〇センチ砲は一〇〇発ほど撃つと寿命だそうだ。「長門」の場合、竣工いらい二〇年間の甲乙戦闘射撃のくり返しで、そろそろ時期がきていたのだ。

磁気機雷防止用の舷外電路を張りめぐらし舷側のバルジに抗堪性《こうたん》をもたせるため、中にスチール・パイプを詰めたりもした。大いに生まれ変わった「長門」に、ふたたび艦隊司令部が復帰したのは一六年六月上旬である。八月、第一類戦技として行なった主砲射撃の成績はすばらしかった。出弾率は一〇〇パーセント、三万六〇〇〇メートルの大遠距離で、初弾命中にちかい射弾を得ていた。

こんな作業の進められるかたわら、四月下旬には「ながと」とか「むつ」とか、艦尾について いた真鍮製の艦名板をはずした。それまでは、日課手入れのさいに水兵員がピカピカに磨き上げていたものだが……。そして六月に入ると、ジョンベラたちがかぶる軍帽のペンネントを変えてしまった。「大日本軍艦長門」「大日本第八駆逐隊」などと書かれていたのを、押しなべて「大日本帝国海軍」に統一したのだ。兵員が上陸したとき、入港艦船の種類や名称が分かるのを防ごうとしたわけだが、開戦間近しを想わせる変化だった。

一航艦〝機種別統一訓練〟

日本が「対米（英・蘭）戦争ヲ辞セザル決意ノ下ニ概ネ一〇月下旬ヲ目途トシ戦争準備ヲ完整ス」との方針をきめたのは、昭和一六年九月六日のことだ。艦隊の内もそとも一気にあわただしさを増した。

例年なら、一一月に入ってから届けられる士官の人事異動電報が、各艦のアンテナに飛びこみ出したのもこの前後ごろだ。艦隊は、九月なかばには年度訓練作業を終了して母港へ帰った。しかし、〝決意〟を固めているその間にも、備蓄した油はジリジリ減っていく。もう輸入されない石油は、海軍用には一年分しかない。それに、こちらから打って出るには時期も気象も関係する。永野軍令部総長が「和戦の決定」を一〇月一五日までにしてくれと、政府に要望したのはこういう点を心配したからだ。

就任当初は避戦意見だった嶋田海軍大臣も、ついに一〇月三〇日、沢本頼雄海軍次官に

「開戦の決意」を伝える。引き金に指がかかった。数日後の一一月五日には、出師準備第二作業の全面的発動が下令された。

　ＧＦの一六年度後期行動は終わったが、一航艦の飛行機隊には休む間もなく、基地での激しい訓練が待っていた。

　新鋭大型空母「翔鶴」が竣工し、第五航空戦隊をつくって第一航空艦隊に編入されたのは九月一日。つづいて出来あがった「瑞鶴」も二五日に、五航戦の仲間にくわわった。これで新生エアー・フリートは攻撃空母六隻をかかえて、一大威力を蔵することになったのだが、さてその使用法に問題が生じた。

　軍令部では、まえにも書いたように、一航艦は戦艦部隊とともに本土近海へ置いておき、主力の決戦時に使う方針だった。また、草鹿龍之介一航艦参謀長としては、緒戦時、全力をあげてフィリピン攻略戦に加勢したい意見であったようだ。

　だが、山本ＧＦ長官はそんな旧態いぜんとした戦法にはあきたらなかった。開戦と同時に空母部隊でハワイを空襲し、在泊している米太平洋艦隊の主力に、少なくとも半年間は活動できないほどの大打撃をくわえようと着

開戦直前に完成した空母「瑞鶴」

想していた。アメリカ国民の闘志を阻喪させるには、こうするしかないと山本大将は考えたのだ。

当然、軍令部側の猛反対にあう。しかし山本サンは、喧嘩ごしで作戦実行の許可を迫った。ならばと、軍令部は三隻での実施まで譲歩した。が、さらにGFは五航戦の加入も強要し、とうとう空母六隻でのハワイ作戦決行に同意させる穏やかでない経緯があった。一時は二航戦をのぞいて四隻で、との案も出されたが、山口多聞二Sf司令官が猛烈な見幕で反対し、ついに一、二、五航戦そろってハワイへ征くことになったのだという。永野総長の決裁は一〇月一六日だった。開戦のたった一と月半まえである。

この作戦にそなえて、艦隊内飛行機隊の訓練は従来とは異なった方法がとられた。それまでの基地訓練は、各航空戦隊ごとにあるいは母艦ごとに、司令官か艦長の統制のもとに行なわれていた。そういうやり方をやめて、艦隊の飛行機ぜんぶを機種ごとに分け、一機種を一、二ヵ所の基地に集合して統一訓練をする画期的な方式に改めたのだ。

雷撃機の大部分は鹿児島基地へ、水平爆撃隊の列機と雷撃機の一部は出水《いずみ》基地へ、艦爆は笠ノ原と富高へ、戦闘機は佐伯基地へ集中された。なかでも水平爆撃隊の中核となる嚮導機は全機鹿児島基地へ集められ、専門家布留川泉大尉（海兵六三期）の指導下に、爆撃精度向上の訓練に専念したのだった。

そして、全飛行機隊の総隊長格の職務には、三航戦航空参謀から「赤城」飛行隊長にふたたび舞いもどった淵田美津雄少佐（一〇月、中佐に進級）が充当された。淵田飛行隊長の着任は八月末だったが、この日以降、ハワイ攻撃訓練は本格化し、それも極秘のうちに進められたのだ。訓練成果のみごとだったことは、ここに書くまでもなかろう。

開戦に備えたGF〝軍隊区分〟

太平洋戦争初期の進攻作戦すなわち「第一段作戦」において、真珠湾に張り手をくわせる一航艦を右腕とするならば、南方に航空撃滅戦の展開を計画された第一一航空艦隊は、強力な左腕といってよかったろう。司令長官は初代の片桐中将から、九月一〇日、塚原二四三中将（のち大将）にかわった。

二人とも〝途中転向組〟の飛行機屋だが、塚原中将の方がずっと航空経験は深い。戦争間近しの空気が、こういう人事をとらせたのだろうか。参謀長は、かの勇将・豪将の大西瀧治郎少将（のち中将）だ。一一航艦は一六年一月の新編時、三コ航空戦隊で出発したのだが、四月一〇日に高雄航空隊と第三航空隊から成る第二三航空戦隊の編入で、四コ航空戦隊の艦なき大艦隊となっていた。

ところで連合艦隊では、いよいよ開戦になったばあい、緒戦時の軍隊区分をおよそ6表のようにしようと、一一月五日、定めていた。一一航艦は比島方面進撃で先陣を承る「航空部隊」と「馬来《マレー》部隊」に属してマレー半島占領支援に向かう部隊の、二た手に分かれるのである。

二四航戦は九月一日の編制替えで第四艦隊へ移ったので、この時点で一航艦の所属ではな

6表　連合艦隊第一段作戦開戦時の軍隊区分
(S. 16. 11. 5)

部隊名		指揮官	作戦任務
主力部隊		連合艦隊長官	全作戦支援 機動部隊収容
機動部隊		1航艦長官	ハワイ奇襲
先遣部隊		6艦隊長官	ハワイ方面米艦隊監視攻撃 機動部隊協力
南洋部隊		4艦隊長官	南洋方面警戒 グアム、ウェーキ攻略
南方部隊		2艦隊長官	南方要域攻略
	主隊	2艦隊長官	南方作戦支援
	航空部隊	11航艦長官	比島方面航空撃滅戦
	比島部隊	3艦隊長官	比島進攻
	馬来部隊	南遣艦隊長官	マレー、タイ、 ボルネオ進攻
	潜水部隊	6潜戦司令官	比島方面潜水艦作戦
北方部隊		5艦隊長官	北方海域警戒その他
通商破壊隊		24戦隊司令官	南太平洋海上交通破壊

くなっていた。

四Fは「南洋部隊」の柱として、中部太平洋方面の警戒にあたるのが主要な任務だった。だが、開戦と同時にグアム島とウェーキ島を陥とす命令もうけていた。となると、所属航空部隊には、まず敵陣を破壊するための攻撃機隊と、占領後それらの島々を利用して哨戒網を張るための偵察機隊とが必要になる。そこで、陸攻の千歳空と大艇（飛行艇）の横浜空で編成された二四航戦の、四艦隊転属となったのだ。それに、陸攻なら攻撃だけでなく長距離哨戒索敵も可能だ。

水上機母艦「千歳」「神威」のわずか二隻で発足した第四艦隊は、その後、徐々に増勢や入れかわりがあって、巡洋艦「鹿島」を独立旗艦にすえ、開戦時には、

旗艦＝鹿島

第一八戦隊＝天龍、龍田

第一九戦隊＝沖島、常磐、津軽

第六水雷戦隊＝夕張、第二九駆逐隊、第三〇駆逐隊

第七潜水戦隊＝迅鯨、第二六潜水隊、第二七潜水隊、第三三潜水隊

第二四航空戦隊＝千歳空、横浜空、神威
第三根拠地隊、第四根拠地隊、第五根拠地隊、第六根拠地隊
の各部隊が勢ぞろいしていた。しかし、水上艦艇にはいぜん明治、大正の古い艦が多く、潜水艦も呂号型の小型艦であった。また島嶼周辺海面防備という性格から、根拠地隊の多かったのも特徴である。

一六年八月一一日に司令長官が交代した。高須中将から井上成美中将（のち大将）にかわったのだが、開戦四ヵ月まえだというのになお、防衛工事は未完成で作業続行中というありさまだった。肝心な兵器や器材がなかなか内地から届かず、高角砲はまだ三分の二くらいしか配備されていなかった。これにはカミソリ井上中将、だいぶ業をにやしたらしい。が、できないものは出来ない。第四艦隊はこんな状態で戦争に突入するのだ。

はなしが四艦隊にそれてしまったが、南方部隊のうち、塚原一一航艦長官が直率する「航空部隊」は、多田武雄少将の第二一航空戦隊と竹中龍造少将麾下の第二三航空戦隊だ。両戦隊あわせて陸上偵察機九機、陸上攻撃機一一七機、艦上戦闘機一〇八機、飛行艇一八機、計二五二機の豪華な数となる。

一方、「馬来《マレー》部隊」へ入ることになったのは、松永貞市少将指揮の第二二航空戦隊だった。飛行機は陸上偵察機が九機、陸上攻撃機九九機、艦上戦闘機三六機、こちらも合計一四四機の大編制部隊だ。といっても、最初、マレー部隊の陸攻は七二機、それも九六式だけだった。だが、一二月二日、英戦艦「プリンス・オブ・ウェールズ」と「レパルス」の二隻が東洋に

派遣されたとの情報が入り、急いで鹿屋空の一式陸攻二七機が、開戦直前に転用増勢されたのだ。総勢三九六機。これらの飛行機が、南方進攻の〝槍の穂先〟となって活躍することになる。

GF、開戦配備につく

さて、戦争の先頭を走るのは航空部隊だけではなかった。「開戦劈頭、先遣部隊、機動部隊ヲ以テ米艦隊ヲ奇襲撃破シ、ソノ積極作戦ヲ封止シ米艦隊機動スル場合ハコレガ撃滅ニ努ム」と命をあたえられる先遣部隊、とりもなおさず第六艦隊がそれだ。

戦争の直前、日本海軍は新造艦、旧式艦あわせて六三隻の潜水艦を保有し、建造中のもの二九隻があった。この現有艦のなかから、選び出された約三〇隻を三コ潜水戦隊に分けて、六Fは成り立っていた。

艦隊長官は一六年七月二一日に、前任平田中将と交代した清水光美（海兵三六期）中将。そして、〝開戦劈頭〟まず敢行すべしと命じられた任務が、ハワイ周辺の包囲作戦であった。

この任務には、六艦隊のあらかた二七隻が投入されることになる。先遣部隊各艦は、一潜戦主体の「第一潜水部隊」、二潜戦主体の「第二潜水部隊」、三潜戦主体の「第三潜水部隊」に大部分が組みこまれた。また五隻が「特別攻撃隊」、二隻が「要地偵察隊」と名づけられて別区分になった。それからほかに、一潜戦第二潜水隊の三隻だけは六艦隊の指揮下からはなれ、一航艦といっしょに空母部隊の前路警戒隊となって行動することが、あらかじめ定められた。

第一、第二、第三潜水部隊はオアフ島のまわりをぐるりと取りかこむ。三潜戦のうち一艦はニイハウ島付近に位置して、空襲部隊の不時着機搭乗員の救助に従事し、二艦はまずラハイナ泊地の偵察にあたる。ほかの包囲隊各艦は、空襲をうけて脱出してくるであろう敵艦を捕捉攻撃する。それから、特別攻撃隊の各艦からは「甲標的」と称された二人乗りの特殊潜航艇を発進させ、真珠湾内に碇泊する敵艦を奇襲、撃破する計画がたてられたのだ。

ならば、いっぽう南進する水上部隊の配備、編制はどうなっていたろうか？

「比島、英領馬来及ビ蘭印方面所在敵艦隊ヲ掃討撃滅スルトトモニ陸軍ト協同シテ」作戦するのが、開戦まえ「南方部隊」にあたえられた任務だった。総指揮はGF次席指揮官である、第二艦隊司令長官近藤信竹中将がとることになった。フィリピン経由の進撃路は第三艦隊主体の「比島部隊」が、マレー半島を通って南下する進撃路は、南遣艦隊基幹の「馬来部隊」が担当する。

南方部隊の「主隊」は、むろん第二艦隊だ。〝南方作戦全般支援〟が任務。しかし、これまでに何度も書いたように、二Fは重巡と駆逐艦のフリートだ。作戦が敵艦隊掃討撃滅が目的である以上、もっと強力であることが望ましい。そこで、一F三戦隊から高速戦艦「金剛」「榛名」の二隻を借り出し、補強してあった。

だが、比島部隊と馬来部隊は、進攻作戦を実施するには兵力がかなり不足だった。三艦隊一六戦隊には、すでに第二遣支艦隊から引き抜いた重巡「足柄」が編入され、高橋伊望長官の旗艦をつとめていたが、それぐらいでは足りない。近藤中将は二Fから、重巡「那智」ほか二隻の第五戦隊と精鋭二水戦、四水戦を送りこんだ。さらに、本来は一航艦四航戦の小型空母「龍驤」も増派されてきた。ほかに、特別陸戦隊四コ大隊も比島部隊に入った。

他方の、馬来部隊の基幹南遣艦隊にいたっては、新編時のままだった。対フランス政策的編制の「香椎」「占守」の二隻しかいないのだから、とても戦さにはならなかった。情勢極度に緊迫。安閑としてはいられない。一六年一〇月一八日、司令長官は実戦派小沢治三郎中将にかわり、三日後の二一日、連合艦隊へ編入となった。

いざ開戦となれば、馬来部隊は陸軍と協力してマレー半島、シンガポール、英領ボルネオ、スマトラ、アンダマン諸島、ビルマの攻略作戦に従事することになる。そこで、GFは重巡「熊野」以下四隻の第七戦隊を主柱に、第三水雷戦隊、第四、第五潜水戦隊、水上機の第一二航空戦隊をつぎこんで大増勢をはかった。さらに、航空部隊として二二航戦が加勢に入ったことはさっき書いたとおりだ。

こうして、小沢長官の麾下は一大部隊となったが、旗艦が「香椎」ではいかにも薄弱である。速力一八ノットの練習巡洋艦では陣頭に立って指揮することもできない。さっそく、大本営と連合艦隊へ重巡一隻の配属を具申した。近藤南方部隊指揮官は、これには反対だったようだが、結局、第四戦隊から「鳥海」が一時編入されて、艦隊旗艦になった。

事態はますます急を告げる。GFは一一月七日に〝第一開戦配備〟、一一月二一日午前零時から〝第二開戦配備〟に入った。

ＧＦ九コ艦隊は粛々と持ち場につく。

南雲空母艦隊は一一月一八日から行動を起こし、各艦バラバラに択捉島ヒトカップ湾へ集合する。一一航艦の比島作戦部隊は台湾南部と中部の基地に、マレー方面作戦兵力は仏印南部の基地へと、それぞれ一一月下旬までに展開を終わった。

六Ｆの潜水艦のなかには、はやくも一一月一一日に佐伯湾を出港して行った艦さえあった。ラハイナ泊地の事前偵察だ。南方部隊の旗艦「愛宕」が近藤長官の中将旗をひるがえして馬公を抜錨したのは一二月四日である。その三日まえ、昭和一六年一二月一日に、東京では御前会議で開戦が決定されていた。

第三章　太平洋戦争下の艦隊（1）

ハワイ空襲艦隊

昭和一六年一二月八日、太平洋戦争開戦！　筆者らの世代にとって、絶対に忘れられない日である。

この日、日本海軍はパール・ハーバーに米国太平洋艦隊を覆滅し、翌々一〇日はマレー沖に最新鋭艦をふくむ二隻の英国戦艦を撃沈した。どちらも航空攻撃のみによってだ。これだけでも、国民を有頂天にさせるに十分な戦果だったが、以後のわが陸海軍の進撃ぶりはまさに破竹の勢いであった。

それはそれとして、ハワイ大空襲を敢行したのは南雲中将ひきいる第一航空艦隊だが、じつは一AF単独ではない。というのも、日本から直距離にして三三〇〇マイル以上もはなれた真珠湾に、この部隊だけで攻撃をかけることは不可能だったのだ。

「艦隊」は軍艦二隻以上、あるいは航空隊二隊以上で編成できることは出来た。しかし、練習艦隊などならばともかく、実戦用艦隊では、その部隊独自で戦略的行動がとれなくては意味がない。ところが一航艦は、空母と〝トンボ釣り〟の警戒駆逐艦だけで構成されていた。

したがって、一AFのみでは、戦術行動はとれるが戦略的マヌーバーは無理なのである。十数日をかけてはるばる敵地に向かうためには、途中、敵潜水艦に襲撃されたような場合、それを撃攘する駆逐艦部隊が必要だ。また、強力な水上艦隊に遭遇しないとも限らない。となれば、戦艦、巡洋艦も艦隊へ組みこんでおかなければならない。それも高速艦であることを要する。かつ、長途の遠征では、燃料補給のタンカー部隊も連れていく必要があった。

そこで臨時に編成されたのが、7表の「機動部隊」だ。こういう編成法を〝軍隊区分〟という。この用語はすでに概略の説明をしてあるが、今後ひんぱんに出てくると思うのであらためて説明しておこう。第一航空艦隊は〝建制〟といって、法令上、キチッと定められた永続性のある部隊で、司令長官は天皇の前によばれじきじきに職につけられる（親補職）のであった。これにたいして軍隊区分による部隊は、作戦の都合上、一時的に組織するのだから恒久性はない。今どきの言葉でいえば、プロジェクト・チームである。

7表　ハワイ攻撃時の「機動部隊」

部隊	指揮官	兵力
空襲部隊	第1航空艦隊司令長官	第1航空戦隊 第2航空戦隊 第5航空戦隊
警戒隊	第1水雷戦隊司令官	第1水雷戦隊 阿武隈　第17駆逐隊 第18駆逐隊
支援部隊	第3戦隊司令官	第3戦隊 第8戦隊
哨戒隊	第2潜水隊司令	第2潜水隊
ミッドウェー破壊隊	第7駆逐隊司令	第7駆逐隊
補給部隊	極東丸特務艦長	第1補給隊 第2補給隊

だから、編成するときも自由にできたが、ひと戦《いく》さおわれば解隊も簡単だった。

7表でいえば、三戦隊と一水戦は第一艦隊よりの借用戦隊だったし、第二潜水隊は第六艦隊から借り受けた潜水艦であった。

そうしたうえで、「機動部隊」の〝指揮官〟には、当然のことながら基幹部隊・第一航空艦隊〝司令長官〟の南雲忠一中将が任命された。機動部隊司令長官という言葉はない。

もう一言つけ加えると、〝兵力部署〟という用語があった。しばしば「軍隊区分」と同じ意味に用いられたが、正確に言えば、軍隊区分された部隊に必要な任務をあたえることであった。

作戦成功！　南遣艦隊改編

マレー沖海戦で「プリンス・オブ・ウェールズ」と「レパルス」を撃沈したのは、これも軍隊区分で一一航艦からマレー部隊へ加勢に出ていた二二航戦と鹿屋空の一部だった。が、一一AFの大部、二一航戦と二三航戦は塚原長官の直接指揮で、開戦初日からフィリピン方面の航空撃滅戦を展開することになった。

台湾南部、中部の基地からバシー海峡をわたって攻撃するのだが、問題は零戦の航続距離にあった。片道五〇〇マイルはあるので、いかに足の長い零戦でも骨がおれる。敵地上空に達しても戦う時間がとれない。最初は、ハワイへ行かない小型空母の背を借りる手も考えられた。しかし、第三航空隊飛行長の柴田武雄少佐たちの研究、努力で、航続距離延伸策に目はながつき、無着陸往復攻撃飛行が可能になった。

この効果は大きかった。初日の第一撃で、予想された米軍保有機の約半数を撃墜破することができた。一二月一〇日には陸軍部隊がルソン島北端のアパリ、ビガンを占領し、一二日には東岸のレガスピを奪って海軍機が進出する。一三日には、もう敵の残存機数は約二〇機にすぎないと判断された。天候に悩まされはしたが、比島での航空撃滅戦は一週間であらかた大勢が決してしまったのである。台湾に在った塚原司令部も一九日にはパラオへ進出、翌二〇日ダバオを占領すると、ここにも一一航艦兵力の一部は移動した。まことにすばやい。

これで、陸軍の主力攻略部隊を揚陸させることができる。一二月二二日、第一四軍主力がリンガエン湾に上陸し、呼応して第一六師団がラモン湾へ上陸した。この、比島へ陸軍主力を上陸させるまでを、連合艦隊では「第一段作戦・第一期作戦」としていた。ただちに「第二期作戦」へと兵力部署の転換だ。こんどは、英領マレー半島への陸軍主力上陸までが、その期間作戦に予定されている。

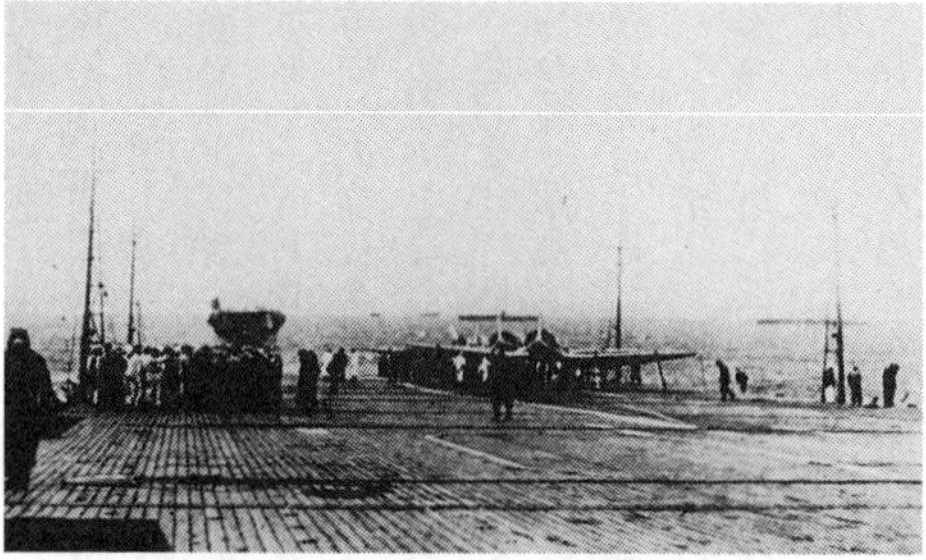
ハワイ進撃前にヒトカップ湾に集結した空母群

さて、リンガエン湾とラモン湾に上陸したあと陸軍兵団は、南北から進撃を開始して一七年一月二日に早くもマニラに突入、翌三日には陥落させた。まずは一段落である。

大本営海軍部では予定計画にしたがって、帝国海軍戦時編制の一部を改定した。小沢中将の南遣艦隊は「第一南遣艦隊」と改名され、あらたにフィリピン方面の警備と海上交通保護を担当する「第三南遣艦隊」が編成された。杉山六蔵中将（海兵三八期）が司令長官に親補されたが、こちらでは大規模な進攻作戦はぶじ終了したことでもあり、艦隊はごく小さな編制となった。

両艦隊とも、改称、新編は一七年一月三日付で行なわれた。第三南遣艦隊（三KF）は司令部をマニラに置き、軽巡「球磨」、敷設艦「八重山」、第三一、第三二特別根拠地隊を主体とする構成であった。そして、これまで比島進攻作戦を推進してきた三F基幹の"比島部隊〟は、蘭印攻略作戦へと再発進するのである。

いっぽう、マレー沖海戦の快勝でマレー作戦遂行上の最大のガンは取り除かれた。コタバルやシンゴラに上陸した陸軍部隊は、順調すぎるほど順調に半島を南下進撃する。一月八日、塚原一一AF長官はさらにダバオへ進出した。近藤中将の南方部隊本隊も一月上旬でマレー方面への支援を打ちきり、仏印カムラン湾を抜錨して一八日、パラオへ入港し、蘭印作戦の後ろだてとなる態勢に移った。

さらに、二四日には第一八師団の主力がシンゴラに上陸。これで、予定されたマレー方面への揚陸作戦はすべて終了だ。さっそく、GFは「第一段作戦・第三期作戦」へ、配備の変換を発令する。蘭印攻略作戦だ。

シンガポールは予定していたより三週間もはやい、二月一五日に陥落した。マレー部隊へ入っていた二二航戦は一六日から一一AFに復帰し、塚原長官の統一指揮で、蘭印最後の牙城・ジャワにたいする航空撃滅戦を開始するのだ。

ジャワをめぐる攻略作戦では、マレー部隊からも水上部隊の一部が応援にかけつける。塚原航空部隊は陸軍航空部隊の協力をえて、島の東西から締めあげていった。この時期に生起した一連の戦闘が「ジャワ沖海戦」「バリ島沖海戦」「スラバヤ沖海戦」だ。ジャワ本島への陸軍部隊上陸開始は二月二八日だったが、またたく間に戡定《かんてい》作戦ははかどる。蘭印軍は三月九日に全面降伏し、米英軍もつづいて降伏、一二日ごろまでには全土の占領を終わった。以上で、南方進攻作戦概成である。

女装する（？）第二四戦隊

連合艦隊の第一段作戦は将兵たちの力戦奮闘の結果、予定を大きく上まわる快スピードで進捗していった。じつにみごと、華やかでさえあった。だがその陰には、地味で目だたない任務に戦う部隊もあった。ちょっと8表を見ていただきたい。開戦直後の連合艦隊編制表だが、前に掲げた5表（九八頁）とくらべると、いくつか新編された戦隊、部隊があるのに気づかれるだろう。

GF直率の第二四戦隊がそんな一つだが、この戦隊はまことに珍奇というか、ケッサクな部隊だった。構成しているグンカンは「報国丸」「愛国丸」といい、名前からお分かりのように民間から徴用した商船だ。大阪商船の所属で、約一万総トン、最大速力は二一ノットを出せた。当時としては高速船の部類に入る。艦

8表　太平洋戦争開戦直後の連合艦隊　（S. 16. 12. 10）

連合艦隊		第1戦隊
連合艦隊	第1艦隊	第2戦隊　第3戦隊　第6戦隊 〈第9戦隊〉　第1水雷戦隊　第3水雷戦隊 第3航空戦隊
連合艦隊	第2艦隊	第4戦隊　第5戦隊　第7戦隊 第8戦隊　第2水雷戦隊　第4水雷戦隊
連合艦隊	第3艦隊	第16戦隊　第17戦隊 第5水雷戦隊　第6潜水戦隊　第12航空戦隊 第1根拠地隊　第2根拠地隊 〈第32特別根拠地隊〉
連合艦隊	第4艦隊	鹿島　第18戦隊　第19戦隊 第6水雷戦隊　第7潜水戦隊　第24航空戦隊 第3根拠地隊　第4根拠地隊　第5根拠地隊 第6根拠地隊　付属部隊
連合艦隊	第5艦隊	第21戦隊　〈第22戦隊〉 〈第7根拠地隊〉　付属部隊
連合艦隊	第6艦隊	香取 第1潜水戦隊　第2潜水戦隊　第3潜水戦隊
連合艦隊	第1航空艦隊	第1航空戦隊　第2航空戦隊 第4航空戦隊　第5航空戦隊
連合艦隊	第11航空艦隊	第21航空戦隊　第22航空戦隊 第23航空戦隊　付属部隊
連合艦隊	南遣艦隊	香椎　占守 第9根拠地隊　第11特別根拠地隊
連合艦隊	GF直率部隊	〈第24戦隊〉　第11航空戦隊 第4潜水戦隊　第5潜水戦隊 第1連合通信隊
連合艦隊	GF付属部隊	

〈　〉はS.16.9.2以後に新編された部隊

種は「特設巡洋艦」とされていた。

二四Sは一六年一一月二一日、武田盛治少将を司令官に呉軍港を出撃したのだが、不思議なことに、両艦は色とりどりの婦人服を二〇〇着も艦内にしまいこんだ。はて、何をしようというのか？

〝特設〟とはいえ、軍艦になったというのに以前のまま上甲板から上は白、下部の舷側は黒色のままだった。だが、上甲板舷檣のかげには旧式ながら一五センチ砲五門が据えつけられ、艦尾デッキには四三センチ魚雷発射管二門も備えられた。しかも、後甲板には九四式水上偵察機一機まで積んでいるのだ。これらの兵器は大きな積荷《カーゴ》に見えるよう、帆布《ケンパス》でカバーがかけられていた。

じつは、武田少将には「米本土ト豪州間ノ通商破壊ニ従事スベシ」という命令があたえられていた。いうなれば、第一次大戦当時に活躍した囮船《キューシップ》である。まず、水偵で洋上をさがし、目ぼしい商船を見つけたら近づいて行く。買いこんだ婦人服で女装させた水兵を、上甲板にうろつかせて相手の目をごまかす。そうして油断させておき、ズドンと大砲をかまし、撃ち沈めようという企てだったのだ。

呉を出港すると針路を東南にとり、開戦日の一二月八日には、西経一三〇度線上、タヒチの東南東に達していた。それから五日後の一三日、旗艦「報国丸」の見張員は大声で「右三五度、黒煙」とさけんだ。商船だ。突然だった。距離がどんどんつまる。もう〝女装水兵〟の必要などはない。「報国丸」は軍艦旗を掲げて正体をあらわした。が、敵は停船せず、逃げをはかろうとした。そこで轟然一発。たちまち敵船は火を吹いたが、沈まない。さらに魚雷二発を射ちこんで、ようやく仕止めた。

仮装巡洋艦隊・第二四戦隊の狩猟航海は約二ヵ月つづいたのだが、獲物は合計二隻にすぎなかった。これでは商売にならない。そんな理由のためか、呉に帰投後、この部隊は解隊された。婦人服もどうやら、御用はなかったようだ。

“漁船”艦隊出撃

太平洋戦争が始まってからの第五艦隊の任務は、小笠原諸島をふくむ本土北東海域の警戒・防備であった。なかでも東方洋心から侵入してくる敵空母部隊を早期に発見し、警報を発することはきわめて重要だった。そのために編成されたのが、堀内茂礼少将（海兵三八期）の指揮する第二二戦隊である。

といっても、二二Sは「粟田丸」「浅香丸」「赤城丸」のたった三隻の特設巡洋艦編制で、これだけで長大な哨戒線を維持できるわけがない。それに、三艦は日本郵船から徴用したフネで、七三〇〇トンあまりもあり、哨戒艇にするには大きすぎる。

そこで海軍では、こういう早期警戒目的に、一〇〇トン前後の遠洋漁船を徴用し、「特設監視艇」として使用することを戦前から発想していた。そして、昭和一七年二月中に、これら監視艇約七十数隻を用意し、三コグループに分けて監視艇隊を編成した。

一コ監視艇隊の哨戒期間は七日間とされ、終わるとつぎの隊と交替だ。監視艇の速力は七ノットていど、約七日が往復についやされ、基地にもどった七日間が整備補給ということになる。基地には横須賀と釧路がえらばれていた。艇指揮官にはだいたい予備役応召の兵曹長や予備士官があてられ、ほかに電信員には海軍兵が充当されたが、運航には、もとのままの漁船船長以下船員が軍属として従事したのだ。監視艇は本土東方七〇〇マイルの東経一五五度線上を、南北に各艇間の距離二〇マイルにならぶ。哨戒幅は北緯三〇度から四〇度までにわたった。

各監視艇隊には二〇〇〇トン級の特設砲艦「昌栄丸」「安州丸」「羅門丸」が、一隻ずつ母艦役をはたすため配置され、これに監視艇隊司令が乗艦していた。この母艦は一二センチ単装砲三～四門のほか、一三ミリ連装機銃一基と七・七ミリ機銃一梃をそなえていた。なお、監視艇には、七・七ミリ機銃一と小銃数梃しかない。

ということで、「粟田丸」ほか二隻の二二戦隊は、船体の大きさと一六ノットの優速を生かし、「哨戒部隊本隊」となって〝支援艦〟の任についたのだ。「哨戒隊ノ基地、哨戒線間往復時監視艇ノ航路嚮導ニ当リ、監視艇配備後ハ昼間哨戒線ヲ巡回シ監視艇異常ノ有無ヲ確メ、カツ艦位ナラビニ時辰《じしん》ノ整合ヲ行ヒ哨戒線ノ調整ニ任ズ」るのが任務であった。

小さな漁船で、七日ものあいだじっと定点で激浪に耐え、寒さにふるえながら見張りに従事するのは、われわれの想像を絶するものがあったろう。しかも、配備中に敵を発見すれば、それは即、被爆沈の運命にさらされることにほかならなかった。事実、その年の四月、〝ドーリットル空襲〟のさい、「第二三日東丸」「長渡丸」は、敵母艦発見の偉功をたてると同時に撃沈される悲運をたどった。

「第二段作戦」急遽策定

昭和一七年三月九日の蘭印軍降伏で、わが南方進攻作戦は〝おおむね〟終わった。おおむね、といったのは、フィリピンでバターン半島とコレヒドール島に残敵が立てこもり、頑強に抵抗をつづけていたからだ。しかし、ここも時間の問題、いずれ手をあげることは明らかだった。第一段作戦は、めでたく快調順調、絶好調のうちに終了できた。海軍艦艇で喪失したものはわずかに二〇隻、それも駆逐艦より大きいフネはなく、飛行機も第一線機の消耗は六七七機だった。

〝比島部隊〟から衣がえした〝蘭印部隊〟も御用ずみになったので、その主人公・第三艦隊は解隊されることになった。三月一〇日付で、蘭印地域（現インドネシア）の警備、防備にあたる「第二南遣艦隊」と改称、再編された。

司令長官には引きつづいて高橋伊望中将がすわり、「足柄」の艦隊旗艦もかわらなかった。麾下部隊は軽巡「名取」「鬼怒」「五十鈴」の第一六戦隊、敷設艦「白鷹」以下の第二一特別根拠地隊、「若鷹」以下の第二二特根、「蒼鷹《あおたか》」以下の第二三特根、水雷艇「初雁」「友鶴」の第二四特別根拠地隊である。

これで南遣艦隊は、すでにつくられていた二コ部隊とあわせ都合三コできたので、四月一〇日、ぜんぶを統括する「南西方面艦隊」が編成された。高橋中将が司令長官に就任し、二南遣の長官も兼務することになった。司令部はジャワ東部のスラバヤに置かれ、大理石づくりの豪華なビルで執務を開始した。

さて、第一段作戦が成功裡に終末を迎えたので、さっそく「第二段作戦」に移らなければならない。だが、じつは、開戦まえの日本海軍にはその準備がほとんどできていなかった。持久戦になった場合を考え、その態勢をととのえるため、いかに南方進攻占領作戦を完遂するかの作戦考究で、軍令部も連合艦隊も頭がいっぱいだったのだ。

ところが開戦してみると、ハワイでもマレーでもフィリピンでも、われながら驚くほどの大戦果をあげることができた。幕あけ早々に、第一段作戦の目ハナがついたといえるほどの成果だった。急いで、連合艦隊次期作戦の計画をたてなければならなくなった。

宇垣纏GF参謀長は私案を作成した。彼の日記『戦藻録』の一七年一月一四日の項によると、「四日間の努力により作戦指導要綱を書き上げたり。結論としては六月以降ミッドウェー、ジョンストン、パルミラを攻略し、航空勢力を前進せしめ、右概ね成れるの時機、決戦兵力、攻略部隊大挙してハワイに進出、之を攻略するとともに敵艦隊と決戦し之を撃滅するに決着せり」と記されている。

この戦略思想は、山本司令長官の考えとピタリであった。以後、連合艦隊はこれを基本方針に作戦準備をすすめていく。

しかし、軍令部の思想はいささか違っていた。

ハワイ空襲で、当時はだれもが主力と見なしていたアメリカ太平洋艦隊の戦艦群を、とうぶん動きのとれないまでに叩きつぶした。その結果、南方資源地帯はすべて、遠からず占領でき、石油をはじめとする戦争遂行上の重要物資がわが手に入る。現下の情勢きわめてわれに有利、長期持久態勢の完成も間近いと判断した。そして、反撃の機をうかがう米国は、豪州を土台として打って出る可能性がもっとも高いのではないか、と判断した。

しからば、日本海軍としてはアメリカとオーストラリアを結ぶ洋上に点在する要地をまず占領し、ついで、ニューギニア、ソロモンに近い豪州北部を攻略占拠して米豪遮断を急ぐのが可、と発想したのだ。手はじめが、オーストラリア北部からはるか東方にあるフィジー諸島、サモア諸島の攻略である。

ＧＦと軍令部は対立した。山本長官は豪州北部占領など回り道をするようなもの、フィジー・サモア攻略にいたっては問題外としていた。長期戦に巻きこまれたら、小兵《こひょう》の日本はきわめて不利だ。もっと、アメリカの痛いところ痛いところと休みなしに突いていく必要がある。まともに組んではけっして勝てる相手ではない大兵のアメリカが、その結果、たじたじとしたところで、上手に終戦講和の手を打たなければならないと考えていたのだ。

とはいえ、ＧＦ司令部内には、西方へ進んでインド洋へ出て、セイロン島を攻略し、まず英国の戦線脱落をはかるべきだとの考えもあった。けれど、この西進案は陸軍の反対もあって沙汰やみとなる。そんなおり、四月一八日に内地が例のドーリットル空襲に見舞われ、がぜん、ミッドウェー攻撃（ＭＩ作戦）は最優先策として浮上し、軍令部もしぶしぶながらこれに同意することになったのだ。

今後、敵に本土空襲をさせないためにも、ミッドウェー島を攻略し、そのさい同時に、あらたなる米艦隊主力・空母群を誘い出して撃滅してしまおうと決したのである。また、従来、GF側が反対してきたフィジー・サモア攻撃戦（FS作戦）もMI作戦に引きつづいて実施されることにきまった。

五月上旬＝ポートモレスビー攻略作戦

六月上旬＝MI作戦

七月上旬＝FS作戦

さらに一〇月実施を目標に、ハワイ攻略作戦の準備をすめる。

こういう矢つぎばやで、気宇広大な短期決戦強要策であると同時に、長期持久戦略態勢の強化が、第二段作戦では企てられたのである。構想が最終的に固まったのは、四月五日であった。

初の〝空母対空母戦〟

一七年四月一〇日に第二段作戦が発令された。その「第一期作戦」が、ニューギニア東南部のポートモレスビー攻略作戦だ。そもそもこの作戦は、すでに一月ごろ、蘭印攻略後の主攻撃正面とする意図で計画されていたのだが、使用する空母に余裕がなかったため、着手が延びのびになっていた。

ようやく、インド洋方面の南雲部隊機動作戦が終わったので、五航戦が、井上南洋部隊指揮官の配下に入れられることになった。ＧＦでは、当時、修理がすんで内地に残っていた「加賀」（パラオ泊地に入っていたとき、錨地変更のさい暗礁にふれ、浸水事故を起こした）を派遣する考えだったが、井上指揮官から、もっと空母を増勢してほしいと要望があったのだ。

ツラギ、ポートモレスビー、ナウル、オーシャン攻略戦をひっくるめ「ＭＯ作戦」と略称したが、モレスビー作戦のような大規模攻略戦では、かならず妨害に出てくるであろう敵機動部隊を第一番に破ってからでないと、成功はおぼつかない。

珊瑚海海戦において沈没した空母「祥鳳」

井上中将の要請は当然だった。貧弱な第四艦隊にプラスして、この五航戦「瑞鶴」「翔鶴」のほか、「青葉」以下の重巡第六戦隊、「妙高」「羽黒」の第五戦隊、小型空母「祥鳳」などで、南洋部隊の基幹が組まれた。

あわせて書いておくと、四月一〇日現在の連合艦隊では、第二段作戦、第一期作戦のための軍隊区分のうち、主なものはつぎのようになっていた。

山本司令長官の「主力部隊」は、〝主隊〟が「大和」ほか戦艦二隻の第一戦隊、〝警戒部隊〟が第一艦隊主力と、いま述べた内地残留の空母「加賀」だった。「前進部隊」は以前と同じく第二艦隊が基幹となっており、第一航空艦隊を主柱とする「機動部隊」は、マラッカ海峡を内地に向けひた走っていた。

帰還したら、飛行機隊は九州南部の各基地に揚げ、整備休養と訓練に充てる予定だった。第一段作戦では、機動部隊が縦横ムジンに暴れまわって戦果をあげたが、艦隊〝主力〟はあいかわらず、動かざること山のごとき〝柱島艦隊〟の戦艦群であった。

井上成美中将麾下の作戦部隊は「MO機動部隊」と「MO攻略部隊」「援護部隊」などに分かたれ、空母「祥鳳」や重巡、駆逐艦に護衛されたMO攻略部隊は五月四日にラバウルを出港する。七日には敵の攻撃圏内に入ったが、決戦まえだったので、いったん北上した。しかし敵の空襲をうけ、船団はぶじ避退できたが、「祥鳳」は犠牲になって沈没した。

いっぽう、トラックを五月一日に出撃した五航戦主体の機動部隊は、七日早朝、敵部隊発見との索敵機の報で攻撃隊を発進させたが、空母と見たのは油槽船であった。

翌八日朝、日米両軍はたがいに相手の主力を発見、ここに世界はじめての空母対空母戦が展開されることになった。味方からは約七〇機、敵フレッチャー機動部隊からも約六〇機が発進する。双方、激烈な海空戦を演じ、「レキシントン」「ヨークタウン」に大損害をあたえる戦果をあげたが、わが方も「翔鶴」に三発命中弾があり中破、駆逐艦「菊月」が撃沈された。

当時、大本営は「飛行機の未帰還三一機」と発表したが、内実は使用不能になった機などがあって損害は三倍にちかく、搭乗員も三〇～四〇パーセントが失われていたのだ。実損は多大であった。「翔鶴」は修理に三ヵ月を必要とした。

大損害を生じた敵二空母が退却中、わが方は惜しくも攻撃を中止してしまった。「レキシントン」は後刻、敵みずから処分しているのだが、井上長官は、米空母が沈没あるいは大破した以上、モレスビー攻略戦はいつでも再興できると判断したようだ。しかし、一五日、ツラギ東方海上に空母二隻をふくむ機動部隊が発見され、海路によるポートモレスビー攻略作戦は延期となった。

「珊瑚海海戦」と呼称するこの戦闘で、日本海軍はどうやら戦術的勝利をおさめることができたが、戦略的には敗れたと評されるゆえんである。そしてこのとき、だれも気づかなかったであろうが、連合艦隊がのっていたそれまで半年間の〝上げ潮〟は完全にストップしてしまったのであった。

〝海上護衛隊〟発足

ところで、一七年四月一〇日には、連合艦隊のなかに、今まで存在しなかった地味ではあるが、後日、ますます重要さを増す部隊が編成された。

南方への進攻作戦中、「作戦輸送」は徴用した何十隻もの船舶で船団を組み、それへ、連合艦隊から抽出した有力艦艇で編成した護衛部隊をつけ、大々的に実施していた。たとえば、一六年一二月二二日、比島リンガエン湾へ上陸させた陸軍第一四軍主力乗船の船団護衛には、第三艦隊が中心になってあたった。

輸送船七三隻に分乗した人員は約三万四二〇〇名、戦車三三両、大砲七〇～八〇門である。

直接護衛に従事したのは原顕三郎少将（海兵三七期）の指揮する第五水雷戦隊、第四水雷戦隊、第二根拠地隊だった。護衛部隊は第一、第二、第三護衛隊を臨時編成し、軽巡二、駆逐艦一六、水雷艇四、掃海艇七、駆潜艇九ほか合計六一隻で、第一、第二、第三輸送船隊に区分された大船団を護衛したのだ。

だが、進攻作戦の成功裡終了とともに、次にしなければならないのは、占領地帯から内地への戦略物資の還送だった。またそれだけでなく、南西方面、南東方面へ進駐している部隊への補給輸送も欠かすことはできなかった。しかし、このような「通常輸送」船舶の護衛に、連合艦隊から、それでなくても足りない第一線艦艇をそのつどまわすことは、はなはだ痛かった。

開戦後しばらくのあいだは、海面上では圧倒的にわが軍が優勢であり、海面下でも連合軍の潜水艦活動は不活発で、海上交通にさして問題はなかった。だが、GFからは軍令部にたいし、再三、専門の護衛部隊を編成してくれるよう申し入れていた。

軍令部は、はじめ二の足をふんでいたが結局、GFの強い要望を入れ、鎮守府や警備府から艦艇を引き抜いて「特設海上護衛隊」を編成することにした。これが「第一海上護衛隊」と「第二海上護衛隊」である。編成後、両隊はただちに連合艦隊へ編入された。

第一海上護衛隊は南西方面艦隊に入り、内地——台湾、台湾——マレー、台湾——マカッサル海峡をメーンとする航路の護衛に従事することになった。編制内容は、

第一三駆逐隊＝若竹、呉竹、早苗

第二二駆逐隊＝皐月、水無月、文月、長月
第三二駆逐隊＝朝顔、芙蓉、刈萱
鷺、隼（いずれも水雷艇）
浮島丸、華山丸、唐山丸、北京丸、長寿丸、でりい丸（いずれも特設艦船）

であった。初代司令官には井上保雄中将（海兵三八期）が任命され、旗艦「浮島丸」に着任したが、駆逐艦はどれも大正から昭和はじめにかけて建造の旧式艦ばかりだった。

もう一つの第二海上護衛隊は、なんとしたことか「能代丸」（七一八九トン、特設巡洋艦）、「長運丸」（一九一四トン、特設砲艦）、「金城山丸」（三二六二トン、特設巡洋艦）のたった三隻で編成された。配属先は第四艦隊。司令官は在トラックの、第四根拠地隊司令官茂泉慎一少将（海兵三七期）の兼務だ。

護衛航路は、内地――トラック――ラバウル間が指定された。この長大なコースをわずか三隻の商船改装艦で護れというのは、どういう考えだったのだろうか。一七年四月、まだ景気のいいころだったので、海軍首脳部はノンキに構えていたに相違ない。比較的重要な船団にだけ、護衛艦を一隻だけつけた。護衛艦のつかない船団には「運航統制官」（のちに運航指揮官と改称）と名づけた将校を、船団中の一隻に乗せて指揮をとらせることにした。

が、ともあれ、こうして船団護衛専門の部隊は発足したのである。

「一航艦」壊滅、新編「三F」に

珊瑚海海戦の不本意、不十分な結末で、わが方の上げ潮はストップした。だが、開戦半年間のあまりにもの勝ち戦さに慣れた日本海軍は、戦争が転流期にさしかかったことを見抜けず、既定の作戦計画を強引に押し進めようとした。

その結果、生じた戦闘が「ミッドウェー海戦」だった。

9表　S. 17. 7. 14 新編時の3艦隊、8艦隊

第3艦隊	第１航空戦隊	瑞鶴　翔鶴　瑞鳳
	第２航空戦隊	隼鷹　飛鷹　龍驤
	第11戦隊	比叡　霧島
	第７戦隊	熊野　鈴谷　最上
	第８戦隊	利根　筑摩
	第10戦隊	長良 第４駆逐隊　第10駆逐隊 第16駆逐隊　第17駆逐隊
	付　属	鳳翔　夕風 第１航空基地隊
第8艦隊		鳥海
	第18戦隊	天龍　龍田
	第７潜水戦隊	迅鯨 第13潜水隊　第21潜水隊
	第７根拠地隊	第23駆潜隊　第32駆潜隊
	第８根拠地隊	第20号掃海艇　第21号掃海艇 第21号駆潜艇　第31号駆潜艇 その他　特設艦船部隊
	付　属	津軽　第30駆逐隊 その他　特設艦船部隊

アメリカが戦略上の要点とするミッドウェーを揺すぶれば、彼らの艦隊はかならずそれを阻止しようと出動してくるだろう。真珠湾で戦艦を潰されているので、空母を主軸に戦いを挑んでくるのは必定だ。「ワスプ」は現在、太平洋にいないようだから、出撃してくるのは「ホーネット」と「エンタープライズ」の二隻、もしかすると「ヨークタウン」を合わせた三隻であろう。空母勢力は断然、わが軍が有利。であれば、こんご諸悪の根源になりそうな、米機動部隊を根こそぎ退治する絶好の機会がここでつくれると山本連合艦隊長官は考えたのだ。

それなのにである。昭和一七年六月五日の海戦は、「赤城」「加賀」「飛龍」「蒼龍」の四主力空母が全滅する、夢想だにしなかった惨敗におわった。なんでこんな大敗北を喫したのか？　いくつもの理由がとりあげられ、反省がなされた。

暗号の被解読による情報もれ、事前索敵の疎漏、「大和」を旗艦とする主力部隊と南雲機動部隊が三〇〇マイルも離れていた指揮のまずさ……。また空母配備法からいうと、ハワイ空襲いらい長所だけを発揮してきた〝集中配備〟の短所がモロに出てしまった。四隻がまとめて撃沈され、精練な飛行機搭乗員、五二組・二一六名の生命がうばわれ、飛行機二八五機を失った。

　そうならないよう、母艦上空には防空戦闘機が配してあった。彼らは来襲した米軍雷撃機を、冴えた腕でバタバタと墜とした。が、そのために、急降下爆撃機が現われたときあまりにも低空に降りすぎていた。爆弾は、ガラ空きになった高空から降ってきたのだ。まことに〝不運〟だった。しかし、この不運も、打ちつづく勝利の美酒に酔った驕慢への天罰だったかもしれない。

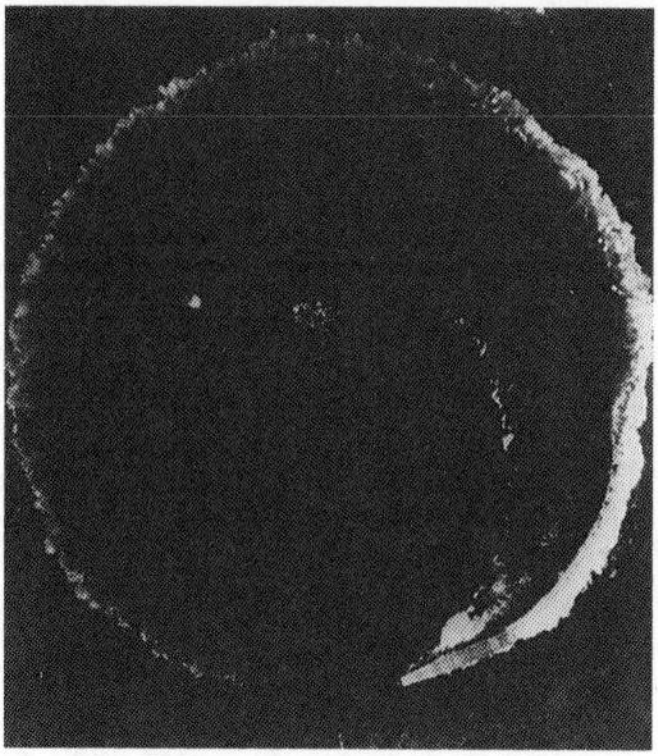
爆撃を回避する空母「蒼龍」

　目のさめた日本海軍は、翻然として母艦部隊の再建にとりかかった。それまでの第一航空艦隊は、攻撃用の〝刀〟しか持たず、防御の〝鎧〟にあたる戦艦、巡洋艦、駆逐艦のたぐいは、よその艦隊から借りてきて機動部隊を編成していた。

　こういった編成法が、ミッドウェー沖の敗戦に直接むすびついたわけではないが、こんどは刀も鎧も自前のものにする、攻守かね備えた建制の〝空母艦隊〟をつくることにした。9表がその新編「第三艦隊」だ。第一航空艦隊の名はやめた。第一段作戦時に、比島・蘭印攻略戦を戦った旧・第三艦隊が任務を終了して解隊、看板があいていたので、その名を襲ったのだ。第一艦隊、第二艦隊とならぶナンバー・フリート、独り歩きができる立派な戦略艦隊となった。一七年七月一四日の編成である。

一航艦時代は、開戦時から引きつづいて他部隊から借りっぱなした鎧は第八戦隊と駆逐隊一隊にすぎなかった。あとは作戦のつごうで交代していたが、四月一〇日に「第一〇戦隊」が一AFの固有編制に入った。この一〇Sは軽巡「長良」と駆逐艦一六隻から成り、本来なら水雷戦隊を名のってよい部隊だが、空母戦隊直衛が主務なので、〝水雷〟の文字がはぶかれていた。

艦隊所属航空戦隊の数は一AFのときより減ったが、戦隊内の母艦数は逆にかつての二隻より三隻に増えている。これは、大型艦二隻の飛行機隊を敵艦隊攻撃に向かわせ、小型艦一隻の搭載機を自隊の防空と対潜警戒にまわそうとする新方式だった。また各空母では、戦闘機、艦爆の機数をふやし、艦攻を減らした。被害率の高い雷撃よりも、まず降下爆撃による敵母艦の先制爆破をねらったのだ。そして、三F旗艦となった「翔鶴」には、待望の対空警戒用レーダーが備えられた。

司令長官には、旧一航艦の南雲中将が再起、奮戦を誓って横スベリした。機動部隊が寄せ集め・借り物艦隊だったころは、一つの部隊としての戦略戦術思想の統一もなかなか難しく、合同訓練もやりにくくて南雲長官の悩みの種だった。そんな問題が、建制化で解決される緒についたわけであった。七戦隊、八戦隊は二Fから移籍、高速戦艦「比叡」「霧島」は第一一戦隊の名称で、三艦隊固有編制に入った。司令部の幕僚陣も強化され、作戦参謀と砲術参謀があらたに置かれることになった。砲術参謀といっても、空母部隊のことなので対空砲戦と戦務処理が主体だ。

第八艦隊、ガ島へなぐり込み

ミッドウェー海戦の敗北で、わが軍の既定の攻勢計画すべてに狂いが生じはじめた。残った母艦部隊は、それこそトラの子なので慎重に運用しなければならなくなった。ついに、七月一一日、MI作戦とFS作戦は正式に一時中止が発令される。

ポートモレスビー攻略は陸路進撃によることとなり、海軍はインド洋方面により重点を移し、第二艦隊、第三艦隊を使用する大規模な海上交通破壊作戦を企てた。ドイツの西アジア進攻に呼応し、イギリスの戦線脱落がねらいであった。GFは東と西に顔を向けなければならない仕儀となったが、東正面ではなお、ツラギ周辺の陸上航空基地を整備したうえ、九月中旬ごろ、「F作戦」と称して、ニューヘブライズ諸島を占領する意図をもっていた。

そして西方作戦、インド洋では、六月末、南西方面艦隊（GKF）司令長官にたいし、七月下旬から八月上旬にかけて機動戦を実施するよう命令を下した。この応援のため、三Fから七戦隊、一Fから三水戦、二Fからは第二、第一五駆逐隊の派遣が発令されている。作戦は「B作戦」と名づけられたが、GKF長官は一南遣長官に指揮を命じ、各部隊は七月三一日までにマレー半島西岸のメルギーへ入泊して待機に入った。

そんなときの八月七日であった。突如、米海兵師団がツラギとガダルカナル島を急襲してきたのだ。当時、ガ島では第一一、第一三設営隊の奮闘で滑走路一本がほぼ完成しており、守備兵力としては陸戦隊一コ中隊がいるだけだった。敵の大規模反攻は昭和一八年以降と判断していた大本営は、初め、たぶん偵察上陸ていどだろうと楽観視していた。が、じつは輸送船二三隻に分乗した海兵部隊が、空母三隻、戦艦一隻をふくむ三群の機動部隊に護られて、押し寄せてきた本格的反攻であった。

せっかく造った飛行場はたちまち占領され、ツラギでも、大艇の横浜航空隊が全滅してしまう。

急報に接した山本GF長官はB作戦の取り止めを命じ、第二、第三艦隊にラバウル進出を下令する。第一一航空艦隊司令部もテニアンからラバウルへ進出した。

上陸当日の七日、在ラバウルの二五航戦、陸攻、艦爆など約五〇機がただちに出撃して、大巡一隻撃沈、駆逐艦二隻撃沈などのほか、輸送船九隻撃沈、二隻火災の戦果報告をもたらした。さらに、それにつづいて翌八日夜、いわゆる〝なぐり込み夜戦〟をかけたのが第八艦隊である。

第二段作戦に入るとまもなく、大本営海軍部は太平洋での新局面に適する艦隊編制を研究していた。甲、乙、丙、丁の四案がまとまったが、起案者は「内外《うちそと》南洋におのおの警備ならびに海上交通保護を担任する警備府的艦隊を置き、太平洋方面の航空作戦および海上作戦を、一一航艦に水上部隊等を編入して統一指揮させる甲案が最適」（防研戦史『大本営海軍部・連合艦隊〈2〉』）と結論した。

この考えを部内関係各部に送ったのは五月一八日だが、甲案にもとづいて新たに編成されたフリートが「第八艦隊」だった。従来、南洋一帯を第四艦隊が受けもつことになっていたのだが、外南洋にまで作戦範囲がひろがると、とても単独では手がまわりかねるようになったからだ。発令は三F新編と同じ七月一四日。当初の予定ではもう少し遅かったのを、MI作戦の結果、敵の反攻が早まりそうな気配が感じられたため、編成を急いだらしい。艦隊の内容は9表の下段にあわせて示したが、司令長官には三川軍一中将（海兵三八期）が親補された。

旗艦「鳥海」に乗艦した三川中将は、七月三〇日にラバウルへ進出する。ところが落ち着くひまもない一週間後に、ガダルカナルへ米軍が上陸してきたのだ。すぐさま、三川中将は手持ちの全兵力をひっさげて敵泊地へ突入することを決意した。といっても、八艦隊には、有力艦は「鳥海」しかいない。

八F長官は、同時に軍隊区分上、〝外南洋部隊〟指揮官だったので、この部隊配下の第六戦隊「青葉」「衣笠」「加古」「古鷹」をつれて行くことにした。旧式の「天龍」「夕張」「夕凪」の三艦は、足手まといになる懸念もあったが、一航過だけの戦闘ならば邪魔にはならないだろうとの判断で、戦列にくわえられたのだった（大西新蔵『海軍生活放談』）。

きわめてあわただしい出撃で、部隊としてのすり合わせ訓練は何ひとつできていなかったが、戦前つみかさねた夜戦演練の成果はみごとにきまった。八日夜、一一時半にサボ島沖敵泊地へ突入してからわずか三五分間の戦いで、重巡四隻撃沈、重巡一隻および駆逐艦二隻大中破という大戦果をあげ、しかも味方はほとんど無傷だ。この戦闘を「第一次ソロモン海戦」とよぶ。

新編・三艦隊の初陣

大損害をこうむったせいか、連合軍艦船部隊は一時洋上に撤退し、ガ島近辺に敵艦影を見なかった。そのためわが方は、上陸部隊の兵力までも下算し、とうとうそれに根を下ろさせてしまった。

いっぽうGFでは、決戦兵力を南下させ、この機を利用して敵空母艦隊の撃滅をはかることをきめた。「カ号作戦」と名づけ、第二艦隊は八月一一日、第三艦隊の一航戦、八戦隊、一一戦隊、一〇戦隊は一六日にトラックへ向けて内地発、旗艦「大和」も一七日、柱島を抜錨してトラックをめざす。一航戦の小型空母「瑞鳳」はこのとき佐世保工廠で修理中だったので内地に残すこととし、かわりに二航戦の「龍驤」をつれて出航した。

陸軍も一木支隊を揚陸して飛行場の奪回に努力したが（「キ号作戦」）、二〇日には、はやくも敵は飛行場の使用を開始する。彼らの設営能力は、日本軍とは比べものにならない速さだった。

さて、新編第一航空戦隊は九月中旬に術力〝概成〟を目途に訓練中だったので、このとき搭載飛行機隊は術力未完成のまま押っとり刀で出撃したわけであった。いったんトラックへ入泊する予定にしていたが、二〇日、敵機動部隊発見が報告されたため、そのままソロモンへ向かうことにあらためられた。

味方艦隊は第二艦隊主体の前進部隊と、第三艦隊主体の機動部隊とに分かれていたが、両部隊は二一日に洋上で合同した。

こんどの南雲司令部はミッドウェー敗戦の戦訓を取り入れ、新しい戦策をつくっていた。航空戦隊に直衛をくわえた部隊を〝本隊〟とし、その他の高速戦艦や重巡、駆逐艦で〝前衛〟を形成する。前衛は、本隊の一〇〇～一五〇マイル前方に横一列に並べる。こうすれば、前衛の水偵による索敵力が大きくなり、攻撃から帰ってくる飛行機隊の帰投目標にもなる。また、航空攻撃によってあげた戦果を自隊水上部隊で拡大しようとするとき、敵との距離を節約できて有利と考えたからだ。この方式は、旧一航艦の源田実参謀にかわって三F航空参謀となった内藤雄中佐の発案だったという。

それぞれの部隊構成は、

本隊＝第一航空戦隊（翔鶴、瑞鶴、〈瑞鳳欠〉）、龍驤、第一〇駆逐隊、第一六駆逐隊、秋風

前衛＝第一一戦隊（比叡、霧島）、第七戦隊（熊野、鈴谷、〈最上欠〉）、第八戦隊（利根、筑摩）、第一〇戦隊（長良、〈駆逐隊欠〉）、第一九駆逐隊

となっていた。

八月二三日、南雲機動部隊はソロモン諸島の北方数百マイルを索敵しながら南下したが、敵を発見できない。翌二四日になって、日米双方の機動部隊がたがいに相手を発見した。いっぽう「龍驤」は本隊をはなれ、ガ島爆撃に分派されていたが、飛行機隊が出撃中、敵艦載機の集中攻撃をうけて沈没してしまう。そのすきに、「翔鶴」「瑞鶴」の背を発進した攻撃隊は側方から敵部隊を襲い、「エンタープライズ」に大損害をあたえた。

支援中の前進部隊は、損傷を生じている米空母部隊を夜戦で撃破しようと企図したが、距離が遠く燃料にも不安があったため、断念するほかなかった。勝敗は、まあ五分五分といったところだ。しかし、飛行機のみについてみると、日本側の喪失三八機にたいし、アメリカ側は一七機を失っただけと発表している。この戦闘を「第二次ソロモン海戦」と呼称した。

海上戦で決定的な勝利を得られないままに、上陸した敵が下ろした根はますます頑強に張り出す。そんな陸上基地から発進した敵機の攻撃で、ガ島への味方上陸部隊の船団輸送は失敗してしまった。連合艦隊司令部は、八月二五日、飛行場奪回が成功するまで、駆逐艦や潜水艦による、いわゆる〝ねずみ輸送〟を麾下部隊に指示しなければならなくなるのだ。

近藤艦隊・ガ島奪回を支援

なにはともあれ、ガ島飛行場というポリープは悪性腫瘍と化さないうちに摘出除去する必要がある。わが陸軍はさっそく手術にかかった。が、米軍の力を甘くみたため、最初、連隊規模の一木支隊が攻撃をかけて失敗し、つぎに旅団規模の川口支隊（川口清健《きよたけ》少将指揮）が昭和一七年九月一三日夜、再度奪取をめざしたが、またも不成功におわった。

敵は容易なテキではないようだ。そこで、ソロモン担当第一七軍の百武晴吉《はるよし》陸軍中将は、あらたにジャワ方面から転用されてきた仙台の精鋭・第二師団を投入して、奪回を期することにした。二師団は日露戦争いらい夜襲で鳴らした部隊だ。陸軍は、こんどの作戦には自信満々だった。

川口支隊の総攻撃のときは、支援するため南雲第三艦隊も九月一〇日にトラックを出港し、ガ島北方海面に向かった。しかし、一五日に攻撃失敗の報が入ったので、二三日にはトラックへ帰投していた。この行動では、佐世保での修理の完了した小型空母「瑞鳳」が、九月五日にトラックへ到着していたので、新・第一航空戦隊としては初めて固有の三隻がそろっていた。

一航戦の搭乗員は、狭い竹島飛行場に上がって、寸暇を惜しむように訓練を再開する。そして一〇月九日には、改装空母「飛鷹」「隼鷹」の第二航空戦隊が猛将角田覚治少将（海兵三九期）にひきいられてトラックへ入ってきた。威力倍増、三艦隊せいぞろいだ。二ヵ月間、内地で急速訓練をしたかいがあって、彼ら二航戦搭乗員の技量はいちじるしく向上し、当面、どんな任務にも堪えられるまでになっていた。

いよいよ期待の第二師団総攻撃だ。再三、延期くりのべのあげく、一〇月二四日、それは開始された。この陸上戦闘を援け協同する目的で、近藤信竹中将の「支援部隊」もソロモン諸島の東方海上を南下していった。構成は第二艦隊基幹の前進部隊と、第三艦隊基幹の機動部隊だ。

だが二航戦は、前進部隊にまったく空母がいないため、この作戦中、近藤中将の指揮下で行動することとなる。南雲中将のもとを離れ、水上部隊の戦闘に協力するよう定められた。ただし命令文には、「前進部隊、機動部隊同一ノ敵兵力ヲ目標トシテ航空攻撃ヲ実施スル場合ハ、状況ニ依リ機動部隊指揮官ヲシテ一時期母艦群ヲ統一指揮セシムルコトアルベシ」とも書かれていた。

しかも、二航戦では「飛鷹」が発電機室から火災を発生し、肝心なときに作戦行動が不可能になってしまった。二二日の午後、飛行機の一部を「隼鷹」に移すと部隊を去っていった。角田少将は将旗を「隼鷹」に移揚する。

二六日の午前五時、南雲部隊はとつぜん敵の触接機から爆撃された。索敵で先んじられたのだ。ただちに反転北上して、先制攻撃をかわす。夜が明け、南方二〇〇マイルに二群の敵大部隊を発見したので、午前五時一五分、第一次攻撃隊の発進を皮きりに、三回の空襲をくわえた。さきほどの〝但シ書〟にしたがって、二航戦も参戦したのは言うまでもない。アメリカ艦隊は空母二、戦艦一、巡洋艦一、駆逐艦三隻に重大な損傷をうけ、総くずれとなって退却を開始した。

南太平洋海戦――大勝利だったか?

近藤支援部隊指揮官は戦果の拡大をねらい、母艦以外の全艦艇を直接指揮して夜戦をもくろむと、二六ノットで進撃した。しかし、炎上中の空母「ホーネット」を捕捉、駆逐艦の魚雷で撃沈し得ただけで、あとは追えども、追えどもつかまえられなかった。翌二七日も敵影は見えず、ついに燃料欠乏で追撃を打ちきり、トラック泊地へ帰った。この海戦を「南太平洋海戦」という。

米海軍の発表によれば、「ホーネット」沈没のほか「エンタープライズ」損傷、最新型戦艦「サウスダコタ」と軽巡「サンファン」が傷ついた。味方には沈没艦はなく、「翔鶴」「瑞鳳」、重巡「筑摩」が中、大破したのみだった。艦艇だけを見ると大勝利だが、飛行機の損失は九二機にのぼり、これに反して米軍機は七四機の喪失だったとされている。

一〇〇機ちかい飛行機とその搭乗員を失ったことは、戦前から少数精鋭主義をとってきた日本海軍にとって手痛かった。戦死搭乗員のなかには艦爆の関衛《まもる》少佐（海兵五八期）、真珠湾雷撃いらいの村田重治少佐（海兵五八期）をはじめ、かけがえのない五人の飛行隊長や基幹員多数がふくまれていたので、その後の作戦に大きな影響をおよぼすのである。母艦飛行機隊再建の足を強く引っぱることになった。

ところで、新・第三艦隊が編成されてから、これで二度の対空母戦が戦われたわけだが、あたらしい〝戦策〟の効用はどうだったのだろう。

第二次ソロモン海戦では、前衛はあまり前方に進出しておらず、動きは新戦策に合致していなかったし、前進部隊の協同も十分とはいえなかった。それは、南太平洋海戦でも同様であったようだ。機動部隊指揮官から「前衛ハ敵方ニ進出セヨ」と下令されても、たちどころにこれに応じた気配はみられない。まあ、前衛側にも理由がないではなかったのだが。

なるほど、この戦策は機動部隊に関しての戦策だった。けれど、よく考えると、支援部隊ぜんたいに適用して戦闘方策となすべきではなかったろうか。すでにミッドウェー海戦で、航空母艦が艦隊の主力であることは明らかに示されていた。ならば、この海戦では、機動部隊はソロモン諸島側を南下し、その東側、つまりもっとも敵艦隊出現の可能性が高い海上を前進部隊が警戒航行すべきではなかったか。

だが、実際はその逆位置を走った。戦艦二隻が存在する近藤前進部隊は（機動部隊にも二隻の戦艦はいたが）、あたかも〝主力艦隊〟であるかのように機動部隊の非敵側を南下したのだ。そして、重巡の艦上から南雲中将より一年先輩の近藤中将が「機動部隊ハ前進部隊ニ策応スベシ」との命令を下し、〝航空艦隊決戦〟全般をとりしきった。航空優先の声は大きくなっていたが、急速な革新はなかなか難しかった。

第三次ソロモン海戦、戦略的失敗に

あれほど期待した第二師団による、ガ島飛行場奪回作戦はまたまた失敗してしまった。そこで、こんどは軽武装・夜襲本位の戦法をやめ、第三八、第五一師団を送りこみ、一二月中旬から重火器を使用して正攻法で戦いにのぞむことに改められた。

ガ島の敵航空部隊はすっかり蟠踞《ばんきょ》してしまっている。その威力下をかいくぐって、人員と火砲、戦車、糧食などを揚陸しなければならないのだが、それには、とても駆逐艦のネズミ輸送なんかでは間に合わない。「比叡」「霧島」の第一一戦隊が飛行場を砲撃して数日間沈黙させ、その隙に輸送船一一隻を突入させて第三八師団を一挙に揚げてしまおうとの計画がたてられた。決行予定は一一月一三日。

軍艦による陸上砲撃、これは射撃側にとってきわめて危険な戦闘だ。しかし、前月の一〇月一三日夜、栗田健男中将指揮の第三戦隊「金剛」「榛名」が実施して成功をおさめていた。柳の下の二匹目のドジョー……。GF司令部は心配しながらも、さきの南太平洋海戦で叩いたので、敵海上航空兵力はかりに修理ができても、出てくるのは空母一隻ていどだろうと踏んでいた。

砲撃部隊は「挺身攻撃隊」と名づけられ、編制はつぎのようになっていた。

本隊＝第一一戦隊（比叡、霧島）、第一〇戦隊（長良、天津風、雪風、暁、雷、電、照月）

警戒隊＝第四水雷戦隊（朝雲、村雨、五月雨、夕立、春雨、時雨、白露、夕暮）

指揮官に一一S司令官の阿部弘毅《ひろあき》中将（海兵三九期）があてられたが、総指揮は前進部隊本隊の近藤中将がとった。前進部隊本隊は挺身攻撃隊の後ろだてになり、砲撃妨害を企てる敵艦隊が出現したら捕捉撃滅しようとの算段だった。部隊は一一月九日午後、トラックを出撃した。

一二日の午前三時半に攻撃隊は本隊と別れると、単独、南下を開始する。だが、朝がたには米軍哨戒機に発見されてしまった。「戦艦二隻を基幹とする艦隊、ガダルカナルに接近中」と哨戒機の報告は正確だった。「金剛」「榛名」の前例もあり、これで日本側の企図は見破られた。

一二日夜には攻撃隊が突入してくると判断した米軍指揮官は、とりあえず船団をつれて洋上に退避させると、護衛部隊の巡洋艦、駆逐艦だけで迎撃のため、その夜おそくルンガ泊地へもどってきた。

前路掃討隊からは何の報告もなかったので、敵艦隊はいないものと判断した阿部攻撃隊が、米艦隊の帰航と逆方向から泊地へ侵入したのはそのころであった。暗やみのなかで、反航態勢の双方は急速に接近する。

午後一一時四二分、警戒駆逐艦がとつじょ敵を発見して急報、攻撃隊はただちに照射、砲撃を開始した。飛行場砲撃の準備をしていたので、「比叡」は三式弾のままの射撃だった。初弾から敵巡洋艦に命中する。が、あまりにも至近距離だったため、敵の中小口径砲弾、機銃弾も「比叡」艦橋付近に集中した。敵味方、入りみだれて混戦、乱闘。

燃えあがり、たいまつをつけたようになった「比叡」は、大被害で舵機室、舵柄室も満水し、操舵不能になってしまった。いっぽう「霧島」は有効な射撃をつづけ、敵を撃破していった。翌日、「比叡」は連続空襲をうけたため、損傷復旧の見込みなしと判断され、やむをえず自沈の処置がとられた。飛行場砲撃は不成功だった。

目的は完遂しなければならない。一四日夜、砲撃を再興しようと、近藤指揮官みずから「霧島」をはじめ巡洋艦四隻、駆逐艦九隻をひきいて泊地突入をはかった。しかし、この日待ち受けていたのは、「サウスダコタ」「ワシントン」の新型・四〇センチ砲搭載戦艦二隻と駆逐艦四隻だった。「サウスダコタ」を大破させ、駆逐艦二隻撃沈の戦果をあげたが、「霧島」は集中射撃をこうむり、一五日になって夜半、沈没してしまうのである。

一連の戦闘を「第三次ソロモン海戦」とよんでいるが、高速戦艦二隻ほかの大きな犠牲をはらいながら、飛行場制圧はとうとう失敗し、あげく輸送船一一隻のうち一〇隻も失って、大輸送作戦そのものも不成功に終わった。三八師団主力の到着をまって、退勢挽回を期していた陸軍の計画はすっかり崩れてしまい、ガダルカナル奪回の望みは急速にしぼんでしまった。

一一航艦、ラバウルへ集合

開戦の初頭から、比島部隊にマレー部隊にあるいは南洋部隊にと分散所属して大車輪の働きをしてきた陸上基地航空部隊は、八月七日、「ガ島に敵上陸！」のしらせを聞くと、台風の眼へ引きこまれるようにラバウルへラバウルへと集まりだした。さすがは〝基地機動部隊〟、一一AFの対応はすばやかった。テニアンにいた塚原二四三司令長官はその日、七日のうちにラバウルへ司令部を進出させた。

当時、第一一航空艦隊には第二二、二四、二五、二六航戦の四コ航空戦隊が所属していた。このうち、敵上陸当日、ソロモン方面にいたのは在ラバウルの台南航空隊（戦闘機）、第四航空隊（陸攻）、ツラギに前進していた大艇の横浜航空隊で編成される二五航戦であった。

第八艦隊のなぐり込み夜襲に先だってすぐさま空中攻撃をくわえたのは、山田定義少将（海兵四二期）を司令官とするこの部隊だ。

塚原長官は、二六航戦のなかでテニアンにいた三沢航空隊にも即日ラバウル進出を命じ、さらに残りの部隊にもソロモン出動を下令する。八月二一日以後のガ島方面攻撃は、この二五、二六両航空戦隊で戦われることになった。二五航戦司令部が戦闘機隊を統一指揮し、山県正郷中将（海兵三九期）の二六航戦司令部が陸攻の統轄を分担した。

二六航戦は木更津、三沢、第六航空隊の三隊から成っており、四月一日以降、内地で本土東方洋上の哨戒に従事していた部隊であった。いずれ、こちらの方面へ出動する予定だったのだが、第一次ソロモン海戦で二五航戦の損害が予想以上に大きかったため、急遽、くり上げて進出させられたのだ。

ほかに、連合艦隊付属として新編されていた第二航空隊が、八月六日、ラバウルに前進していたので、もちろん七日以後のガ島攻撃には二五航戦といっしょに戦闘した。航空隊の被害は増していく。

一一航艦からの要請で、八月二七日、第三艦隊戦闘機隊のあらかたが、一時、ブカ飛行場へ派遣されて基地航空部隊の指揮下で戦った。おそらくこのときの派遣が、太平洋戦争で、母艦機の陸上航空戦投入の最初であったろう。

しかし、九月一日に二四航戦から一〇機ほどの戦闘機がラバウルへかけつけたので、三Fの戦闘機は数日で艦隊へもどった。そうしている間にも、損害は累増する。〝航空撃滅戦〟

とはいうものの、裏側から見れば、まさに〝航空消耗戦〟の観を呈しはじめていた。

減耗した飛行機と搭乗員は、急速に補充しなければ戦争はできない。九月一六日、南西方面艦隊から第二一航空戦隊の鹿屋空陸攻と戦闘機隊がカビエンに進出、翌一七日に、同じく南西方面艦隊・二三航戦の第三航空隊から戦闘機二一機が、二五航戦の指揮下に入る。さらに、二二日には、二三航戦から高雄航空隊が二六航戦の配下にうつった。そして二七日、マニラの三南遣から艦爆の第三一航空隊がラバウルに飛来した。

日本軍の大航空部隊が集結したラバウル基地

それは、戦いうる、集めうる航空隊はすべてソロモンに注ぎこもうとする勢いであった。戦いにつぐ戦い、消耗につぐ消耗——。そのころの海軍機搭乗員が、〝ラバウルへ行ったら、まともな体では内地に帰してもらえない〟と言ったそうだが、冗談とは言いきれない苛烈な航空戦の連続となった。

苦闘する〝東京急行〟艦隊

第三次ソロモン海戦で、飛行場砲撃に成功できなかったばかりか貴重な高速戦艦二隻を失い、しかも肝心な三八師団の船団輸送に失敗してしまった。前途は真っ暗となった。連合艦隊司令部には〝ガ島撤退〟という、戦略転換の考えが頭を持ち上げはじめた。しかし、その直後の一一月一八日、東京ではガダルカナル奪回を方針とする陸海軍中央協定が結ばれる。あくまでも目的完遂というわけだ。

それには、何はともあれ現地への補給をしなければならない。増援部隊指揮官である第二水雷戦隊司令官田中頼三少将（海兵四一期）の指揮で、一一月三〇日から駆逐艦輸送が再開された。二水戦といえば、戦前から最新鋭の駆逐艦ばかりそろえる魚雷戦の花形だ。それが運送艦がわりとは情けなかったが、背に腹はかえられなかった。

糧食や医薬品を詰めたドラム罐をロープでジュズつなぎにし、上甲板に並べておく。夜間、ガ島の揚陸点へ着いたら、そのロープの端末を内火艇で海岸へ持って行き、待っている陸兵に渡す。そうしたらドラム罐を海へ突き落とし、陸から力を合わせて引っ張りあげようという寸法だ。

三〇日の第一回目は、「長波」を旗艦とする駆逐艦八隻（うちドラム罐搭載艦は六隻、他の二隻は警戒艦）で出撃した。ところが揚陸点へ近づいたとき、とつじょ、大巡五隻、駆逐艦五隻の敵有力部隊を発見し、交戦となった。田中部隊はきわめて不利な態勢から立ちあがったのだが、とっさの魚雷攻撃で敵旗艦「ノーザンプトン」を撃沈し、のこりの大巡三隻に大損害をあたえた。水雷戦隊の長年の精進が実を結んだものといえよう。わが方は左前方へ派出してあった警戒艦「高波」を失ったが、日本海軍の夜戦能力がレーダーに勝った戦さであった。「ルンガ沖夜戦」とよんでいる。ただし、輸送そのものは成功しなかった。

一二月三日、駆逐艦一〇隻による第二回目は揚陸に成功、七日の三回目は敵機の爆撃と魚雷艇の襲撃で失敗に終わった。第二回目は成功といっても、一五〇〇本のドラム罐のうち、陸上に収容できたのは二割にすぎなかったという。一一日の第四回、一一隻による輸送も収容率は約二割、しかも最新鋭の防空駆逐艦「照月」を撃沈されてしまった。このころになると、ラバウルやショートランドを出港すると、ガ島を発した哨戒のB17にたちまち発見されてしまう始末だった。

ソロモン近海では、八月このかたの海戦や輸送作戦で、もう一〇隻の駆逐艦を喪失し、一五隻が損傷をこうむっていた。これ以上の消耗は、いざ艦隊決戦というさいに支障をきたすおそれが生じてきた。だが、ガダルカナルにいる将兵に糧食だけは運ばなければならない。やむをえず、駆逐艦輸送を潜水艦輸送に切りかえた。

10表　ナンバー航空隊の性格

数字	100の位（主とする装備機種）	10の位（所管鎮守府）	1の位
1	偵察機	横須賀（0数字を含む）	奇数は常設航空隊
2	戦闘機（甲戦）		
3	戦闘機（乙戦、丙戦）	呉	
4	水偵		
5	艦爆、艦攻	佐世保	
6	母艦用航空隊		偶数は特設航空隊
7	陸上攻撃機		
8	飛行艇	舞鶴	
9	海上護衛航空隊		
10	輸送機		

〝ナンバー航空隊〟誕生

他方、ソロモン上空では基地航空部隊が連日のように航空撃滅戦を展開していたが、それらの部隊をふくめ、全外戦航空隊の隊名が改められることになった。昭和一七年一一月一日、戦時編制の一部が改定され、それまで、所在地名をかぶせてよんでいたのを、〝ナンバー〟をつけて呼称するようにしたのだ。

台南海軍航空隊は第二五一海軍航空隊、四《ヨン》空は七〇二《ナナマルフタ》空に……というふうに変わった。10表に示したように、この番号の百の位、十の位、一の位の数字それぞれに意味をもたせ、ナンバーを見ただけで航空隊の性格がわかる仕組みにした。たとえば、第一次ソロモン海戦いらい、ガ島やモレスビー攻撃に奮戦苦闘をつづけていた三沢海軍航空隊は第七〇五海軍航空隊と改称された。

七〇五空の名称によれば、横須賀鎮守府所管で陸上攻撃機を主体とする常設航空隊と知ることができるのだ。便利な方式であり、これは後日、〝空地分離〟制度を採用して、航空部隊の運用をしやすくする前ぶれであったろう。ただし、霞ヶ浦航空隊、鈴鹿航空隊といった練習航空隊と、呉航空隊など内戦部隊の航空隊名称はそのままだった。

そして、一二月二四日、第一一航空艦隊と第八艦隊とで「南東方面艦隊」（NTF）が新編された。ちょうど、第一、第二、第三南遣艦隊のうえにかぶさる南西方面艦隊のようにである。一一月一八日、陸軍ではソロモン担当の第一七軍とニューギニア担当の第一八軍を統轄するため、今村均《ひとし》中将（のち大将）を軍司令官に第八方面軍を設立したので、それと均衡をとるのが目的だった。

開戦まえより一一AF長官は塚原中将だったが、戦地勤務のあいだにマラリアをこじらせ、一〇月一日付で草鹿任一中将（海兵三七期）と交代していた。従来からこの方面では、GFの軍隊区分によって、基地航空部隊（一一AF基幹）と外南洋部隊（八FとGFより派遣されている部隊）で南東方面部隊を形成して作戦にあたっていたので、それを建制化したわけであった。草鹿中将がNTF長官兼一一AF長官に補任された。

わが海軍では、太平洋方面の地域別作戦については、当時まで北に第五艦隊、中部に第四艦隊、南東に第八艦隊の各水上部隊を置き、基地航空兵力は必要に応じて第一一航空艦隊を南北縦横に機動させ、ときの主作戦面に集中させようとの構想をもっていた。したがって、南東方面艦隊の開設は一一AFを一方面に固定させることになった。戦況上しかたがなく、のちに、北方には北東方面艦隊を新設すると同時に第一二航空艦隊を麾下に編成し、南西方面艦隊には第一三航空艦隊を新たに置いて解決をはかるのである（防研戦史叢書『南東方面海軍作戦〈2〉』）。

それはそれとして、日米母艦航空部隊の激突は、第二次ソロモン海戦と南太平洋海戦のなぐり合いで当座のケリはついていた。というのは、双方ともに傷つき、米軍はそのうえ九月一五日に「ワスプ」が、わが「伊一九潜」に仕留められ、両軍肩を組み合うように戦力ダウンしていたのだ。日本海軍に残されていた正規空母は「翔鶴」「瑞鶴」の二隻、米海軍も太平洋方面で戦えるのは、一一月末現在、「サラトガ」と「エンタープライズ」の二隻のみだった。

南太平洋海戦が、〈外見的大勝利〉に終わったあと、昭和一七年一一月一一日付で南雲第三艦隊長官は呉鎮守府司令長官に転補され、かわりに、水雷屋だが海上航空戦には一家言もつ小沢治三郎中将が着任した。

ソロモン海の激戦に疲れた第三艦隊は、骨休めかたがた飛行機隊の再建に立ちあがる。母艦の「瑞鶴」は、第八方面軍に配属となった飛行師団の輸送に協力だ。飛行甲板には組み立てた陸軍機を並べ、格納庫にも解体、梱包した飛行機をいっぱい積みこんで大みそかに横須賀を出港、トラックへ向かった。途中、海が荒れたが敵潜にねらわれるおそれが少なくなり、かえってありがたかったという。

陸軍機の運搬を終えると、「瑞鶴」はひととおり訓練の仕あがった飛行機隊を収容し、修理の完了した「瑞鳳」といっしょに昭和一八年一月一八日、ふたたび内地をはなれてトラック島へ進出した。毎日、対潜警戒機を飛ばし、ひさしぶりに空母戦隊らしい航海だった。

飛行機隊は春島、竹島基地へ上がる。二航戦司令官角田中将の将旗を掲げた「隼鷹」もいた。第一一戦隊の「比叡」「霧島」は第三次ソロモン海戦に貸し出し、沈没してしまったのでともにいまはない。そこで、第二艦隊から一七年一二月二四日付で「金剛」「榛名」の第三戦隊が移籍されてきていた。重巡「熊野」以下の七戦隊と、軽巡「長良」以下の一〇戦隊はラバウル海域へ助っ人に出かけている。「利根」「筑摩」の第八戦隊も牽制隊としてマーシャル方面へ出動していたので、第三艦隊主隊のまわりは淋しかった。

水雷戦隊によるガ島撤退

さて問題は、ガ島その後の情勢である。

敵飛行場は、すでにチットやソットの手術では取り除けない悪性腫瘍になっていた。なにしろ、ラバウルから五〇〇マイルも離れているので、わが飛行機隊がいくら頑張ってみてもガダルカナル上空の制空権は、日々ほとんどの時間を米軍が握っているといってよかった。味方はその目をかすめるようにネズミ輸送しなければならないのに、彼らは堂々と輸送船を送りこんで物資、弾薬を陸揚げするのだ。

途中に航空基地を設けようと、中部ソロモン諸島に海軍の一〇コ設営隊、陸軍の四コ飛行場設定隊、工兵二コ連隊が協同して造成にあたった。しかし、シャベルとモッコの人力作業が主なので、工事ははかどらない。なのに米軍はブルドーザー、パワーショベルをフルに活躍させる機械設営だ。進捗度はいちじるしく、そこへ注ぎこむ航空兵力の増強と相まって、彼我の航空戦力は日に日に差がついていった。

一七年一一月一六日にはブナ南東方に敵上陸の報が入り、しかもその周辺数ヵ所に飛行場が発見された。ソロモンだけでなく、ニューギニアにも敵反攻！　事態はきわめて重大といわなければならなかった。

このままガ島奪回に固執するか、あるいは退くか。一一月中はまだ撤退論は表面に出てこなかったが、一二月に入ると急速にそれは浮上したのである。

八月いらい約三万の将兵を上陸させたガダルカナルは、いまや戦うことの前に食わすことが先決の情勢であった。ガ島は〝餓島〟と化していた。

先ほども書いたように、GF司令部内では撤退論が高まっていたが、一二月早々、東京から山本祐二軍令部参謀（海兵五一期、中佐、のち大佐・「大和」で戦死）が状況視察に派遣される。そして一一日、報告がなされた。

「わが航空部隊の戦力は開戦時の二分の一以下に低下し、第八艦隊は意気消沈、勝算を失っている。駆逐艦は毎日、決死的行動をくり返し、成功の算すくなしの気分がみなぎっている。今後の見通しとして、一一AFはムンダ方面に出撃しても敵の反撃を有効に阻止できないだろう。八Fは、命令ならしようがないが、駆逐艦輸送は断然やめたい、ガ島もブナも放棄せよといっている。自分としては、ガ島奪回は一〇〇パーセント成算なし」（防研戦史叢書『大本営海軍部・連合艦隊〈3〉』）

なんとも悲観的な内容の報告であった。これを聞いた軍令部参謀のあいだには、撤退でなく〝見殺し放棄論〟も飛び出すありさまだった。

航空撃滅戦も、全力を注いで展開すれば、一回かぎりは可能だが、効果は一〇日ていどで消えてしまうだろう、と観測されていた。一二月中旬にラバウルで行なわれた陸海軍連合兵棋演習でも航空戦に確とした展望はなく、船団輸送を強行すれば全部沈没と判定された。

参謀本部内にも戦略転換の意見が沸きあがり、暮れも押しつまった一二月二七日に、陸海合同研究会がもたれた。問題になったのは、では撤退するとしたらどのような要領で実施するのか、またソロモン方面の防衛主線はどこまで下げるのかという点だった。論議のすえ、けっきょく主線はニュージョージアとイサベル島の以北を確保することにきまり、これらの島の守備は海軍が受けもつことで落着したのだ。

結論が出たのは二八日だったが、正式決定をみたのは一二月三一日だった。そして、翌昭和一八年一月四日、大本営命令により、「陸海軍協同し、あらゆる手段をつくして概ね一月下旬より二月上旬にわたる夜間を利用し、在ガ島部隊を撤収す」と発令された。作戦名称は

「ケ」号作戦とさだめられた。

引き揚げは夜間にこっそりと、すばやく実行する必要がある。とすれば、駆逐艦を使うしかない。駆逐艦はすでに減耗がはげしかった。これ以上失うのはまことに痛かったが、ガ島失陥にいたったそもそもは、海軍に責任があると考えた山本GF長官は、断然、虎の子の駆逐艦二二隻を使用することを決意した。

作戦は三回に分けて決行された。人員収容には主に一〇戦隊の駆逐艦をもちい、警戒隊には三水戦があたったが、総指揮は第三水雷戦隊司令官橋本信太郎少将（海兵四一期）がとった。第一次撤収作戦が二月一日、第二次は二月四日、第三次撤収が二月七日に実施された。

犠牲の出るのは覚悟、宇垣GF参謀長も撤収は難事中の難事と考えていたのだが、予想をくつがえし、じつに順調に経過した。第一回は傷病兵を主とし、三回で合計一万六五二名（うち海軍は八四八名）の多数をぶじ後退させることができた。といっても、約一万名が戦死または行方不明となり、一万人が戦病死したあとの残存将兵だったのだ。が、ともかく六ヵ月間の筆紙につくしがたい悲惨な戦闘は、〝ガ島放棄〟という大手術によって結末を告げた。

米軍では、撤退輸送の駆逐艦を発見しても、増援輸送のための行動と判断していたらしい。そのせいか、この間の被害は、一回目のとき「巻雲」が機雷にふれて大破、自沈処分したのと、二回目、三回目に一隻ずつ空襲によって傷ついただけであった。

三水戦のラエ輸送不成功

「ケ」号作戦の意外ともいえる順調な成功で、南東方面はいちおう小康状態にもどったかにみえた。が、じつはそう楽観できなかった。前年、昭和一七年一一月に上陸されたニューギニア・ブナ地区では、年明けの一八年一月二日、寡兵でよく守備善戦していた安田義達大佐（海兵四六期、かけねなしに陸戦の権威）の横須賀第五特別陸戦隊が全滅したのだ。

このため、わが軍の最重要拠点ラエ、サラモア方面の防衛は非常に苦しくなってきた。しかし、いたずらに守勢をとってばかりいてはならない。機をとらえて攻勢に転ずる必要があった。そして、まだそれだけの気力が日本軍には十分あった。早急にラエ、サラモア、マダン、ウェワクなどの作戦基地を増強し、さらにポートモレスビーを攻略しようとの意気ごみがあったのだ。

そこで、第一八軍麾下の第五一師団主力をラエに輸送することになった。八隻の輸送船が仕立てられ、七〇〇〇名ちかい人員が乗船し、四一門の大砲や戦車ほかの物件が積みこまれた。護衛には駆逐艦八隻があてられ、「白雪」に座乗する第三水雷戦隊司令官木村昌福少将（海兵四一期）が指揮官になった。例のヒゲの提督、五ヵ月後に「キスカ撤退作戦」を成功させるその人だ。上陸軍指揮官である安達二十三第一八軍司令官は「時津風」に乗艦し、中野英光第五一師団長は「雪風」に乗りこんだ。

二月二八日夜、船団はラバウルを出港した。三月一日はぶじの航海をつづけたが、二日には大型機の空襲で輸送船一隻が沈められた。ついで三日、果然、ダンピール海峡のクレチン岬南南東海面で、戦爆連合のべ三〇〇機にちかい敵機の猛攻を受け、残り輸送船七隻ぜんぶと、駆逐艦四隻を失ってしまったのである。

まことに、愕然とせざるをえない大被害となった。むろん、わが方にも護衛戦闘機はついていた。ではなぜ？　敗因の最大のものは、敵航空部隊が打ち出した新機軸の戦法にあったろう。異方向・異高度・同時攻撃にとりわけ斬新さはなかったが、思いもよらない低空反跳爆撃《スキップボミング》には手のほどこしようがなかった。

トラック泊地の「大和」（左）と「武蔵」

理由はともあれ、この作戦の惨敗は、東京の統帥部と現地の双方に非常なショックをあたえた。とりわけ、大本営陸軍部には南東方面作戦全体を考えなおさなければいけないのでは、との深刻な打撃となったようであった。

それだけではない。連合軍はレンドバ上陸戦の準備として、二月二一日、ルッセル島に上陸している。したがって、昭和一八年三月初めのソロモン諸島では、わが軍はレンドバ島、ニュージョージア島のムンダ、イサベル島のレガタを結ぶ線を最前線とし、ルッセル島を最前線とする敵軍と向かいあっていたのだ。

「昭和一八年度帝国海軍戦時編制」決定

一七年四月一〇日に発令された第二段作戦は、第一段作戦の戦果を拡大するとともに、いわゆる大東亜共栄圏の外郭要地を占領し、長期持久戦態勢を造りあげようとするものであった。と、同時に、米英の主力艦隊と決戦して戦争の早期終結を促進することも狙っていた。そんな計画で、ミッドウェー沖へ山本大将以下、総出でGFは出動したのだが、大失敗してしまい積極攻勢に頓挫をきたしてしまった。さらにガダルカナルへ反攻してこられ、ついにには同島撤退という事態に立ちいたった。だが、大変なのは南東方面だけではなかった。北方、アリューシャンでは一八年一月なかば、占領していたキスカ島のすぐ東にあるアムチトカ島へ、米軍が上陸して飛行場を建設しはじめた。また、太平洋方面やフィリピン、日本の近海で敵潜水艦が跳梁し、わが輸送船の被害は一七年後半から尻上がりに増大していた。

どっちを向いても容易ならぬ状況で、とにかく、抜本的に何とかしなければならなかった。そこで、まず戦線を整理し、現在の占領地域はぜひとも確保、持久戦態勢にうつることが肝要と考えられた。かつ、好機に乗じて敵撃滅の積極策をとろうとの方針も再確認された。これが「第三段作戦」計画である。陸軍によるポートモレスビー攻略の意図はなお残されていたのだ。

一八年三月五日、宮中で大本営の御前会議が開かれて決定となり、三月二五日に発令をみた。ちなみに記すと、御前会議の出席者は参謀本部と軍令部の総長、次長、作戦部長（海軍では軍令部第一部長）、作戦課長（海軍では軍令部第一課長）の八名で、ほかに陸海軍大臣と侍従武官長が陪席したのだそうだ。

この第三段作戦方針にそうため、同年四月一日付で、あらたに「昭和一八年度帝国海軍戦時編制」が定められた。海軍の作戦方針の大スジは、

一、航空戦で、まず必勝態勢を確立する

二、敵艦隊を撃破、撃滅する

11表　昭和18年度海軍戦時編制（連合艦隊の部）

連合艦隊		直　率	第1戦隊（武蔵　大和）
		第1艦隊	第2戦隊（長門　陸奥　扶桑　山城）
			第11水雷戦隊
			第11潜水戦隊
			付属（宿毛航空隊）
		第2艦隊	第4戦隊　第5戦隊
			第2水雷戦隊　第4水雷戦隊
		第3艦隊	第1航空戦隊（瑞鶴　翔鶴　瑞鳳）
			第2航空戦隊（隼鷹　飛鷹）
			第3戦隊（金剛　榛名）
			第7戦隊　第8戦隊
			第10戦隊　第50航空戦隊
		第4艦隊	鹿島　第14戦隊
			第3、第5特別根拠地隊
			第4、第6根拠地隊
			第2海上護衛隊
		第5艦隊	第21戦隊
			第1水雷戦隊
			第22戦隊
			第51根拠地隊
		第6艦隊	香取
			第1、第3、第8潜水戦隊
	南東方面艦隊	第8艦隊	鳥海　青葉　夕張
			第3水雷戦隊
			第1、第7、第8根拠地隊
			第2特別根拠地隊
			第8連合特別陸戦隊
		第11航空艦隊	第22、第24、第25、第26航空戦隊
			第7潜水戦隊　第11航空戦隊
	南西方面艦隊	第1南遣艦隊	香椎
			第9、第10、第11、第12特別根拠地隊
		第2南遣艦隊	足柄　厳島
			第16戦隊
			第21、第22、第23、第24、第25特別根拠地隊
		第3南遣艦隊	八重山 第32特別根拠地隊
			第1海上護衛隊
			第21、第23航空戦隊

注：艦船部隊名は主なもののみ

三、海上輸送破壊戦を強化する
四、味方海上交通の保護を徹底する
となっていたので、この趣旨に適合できるよう、艦隊編制が編みなおされたわけであった。

といって、艦隊は広範な海域で現に戦争中である。大幅かつ急激な改編は避ける配慮がなされた。11表に、連合艦隊の新編制概要をかかげたが、外形、内容ともに変貌のいちじるしかったのは一Fだったので、ちょっとその内部を見てみよう。

かつての艦隊の王者、GFの主力第一艦隊は、開戦いらい高速戦艦をのぞいてぜんぜん出番がなかった。しかし、主砲への三式弾適用や高角砲・機銃の増備で対空兵装を強化すれば、その大きい攻防力は母艦兵力との組み合わせで、まだまだ活用の道はあるはずだ。航空戦艦への改装艦以外は、この方針で存続しようということになった（「伊勢」「日向」の二戦艦は後部二砲塔を撤去し、飛行機二〇機を搭載できるよう改造に着手されていた）。

だが、これら戦艦艦隊は当面、出動の機会が得られそうになく、瀬戸内海方面で〝訓練艦隊〟に使用する方針がたてられた。出動の機会がないとは、現在、米海軍に残っている正規空母は「サラトガ」「エンタープライズ」の二隻しかなく、建造中の八隻の完成は一八年末と予想されるので、彼らが太平洋を押し渡って進攻してくるのはそのころ以降と判断されていたからだ。

そのため、従来所属していた戦闘用水雷戦隊二コ部隊を外へ出し、訓練用部隊として新編した第一一水雷戦隊と第一一潜水戦隊を編入した。同時に訓練用航空隊として、宿毛航空隊を新設して付属させた。

開戦以後、実戦部隊では兵力の消耗や乗員の交代、新造艦艇の編入などがあっても十分な訓練の機会がとらえられず、艦隊戦力はどんどん低下していた。そこで、新造や長期修理を終えた艦艇は一Fで一定期間訓練したのち、前線へ出そうということになったのだ。

「い」号作戦――空母機陸揚げ

第三段作戦方針が示され、新編制の連合艦隊で戦うことになった山本司令長官は、それに先だつ二月一一日、新ピカの戦艦「武蔵」に旗艦をかえ、第一戦隊を直率してトラックに陣を構えていた。内地で修理を終えた「飛鷹」がもどり、一航戦と合わせ、トラック泊地にはひさしぶりに空母が四隻そろった。

ガ島戦いらい、日米の国力、海軍力の差はますます開きつつあり、海軍としては従前に増し、早期決戦に持ちこむ以外に勝つための手段はないと考えざるをえなくなっていた。しかし、それはそれとして、大本営は、急迫を告げるニューギニア、ニューブリテン、ソロモンを一体とした南東方面作戦の完遂、とくにニューギニアに主作戦を向けることを方針にきめた。

宇垣纒GF参謀長も、「現在最も逼迫せる方面はラエなり。ここを退がったら国防は成立せず。これを占領されたら第一段作戦もフイになる。……現況打開の方策として母艦飛行機隊を一時期（約二〇日間）ラバウル方面に集中し、圧倒的作戦を実施する……」と、三月二五日に東京で開催された陸海首脳部会議で発言している（防研戦史『大本営海軍部・連合艦隊〈4〉』）。それは「母艦の航空搭乗員を陸上に使うことは常則にあらず」（同上）と、空母機の基地使用がマズイことは百も承知のうえでの決意、提言だった。

ラエ輸送に失敗して以後、連合軍は続々と東部ニューギニアへ増勢をはかり出した。ポートモレスビー、東端のミルン湾、そのすこし北西ブナ付近には敵輸送船の入泊が激しくなった。また、ソロモンや東部ニューギニア各地の飛行場にも多数の飛行機が集中するようになっていた。

このまま放っておいては由々しい大事になると判断した連合艦隊司令長官は、宇垣サチの意見を採用、断固、敵の増援遮断を強行することに決した。これが「い」号作戦である。「瑞鶴」「瑞鳳」「隼鷹」「飛鷹」の飛行機隊一八四機が、小沢三F長官にひきいられ、四月二日、ラバウルへ飛んだ。草鹿任一中将の第一一航空艦隊麾下二一航戦、二六航戦の飛行機隊と協同して、敵水上、航空兵力に痛撃をくわえようというのだ。

草鹿中将と小沢中将は海兵三七期のクラスメートだったが、草鹿中将の方が士官名簿のうえで三番上位の先任者だったから、こういう場合、草鹿中将の統一指揮で作戦してもよかった。だが、一部から異論が起きた。航空戦については、小沢サンの方がはるかに見識が深い。なのに、シロート同然の草鹿サンに、大事な〝虎の子〟母艦機をイジラレてはたまらない、というところに原因はあったらしい。そこで、全軍の指揮には山本大将が、じきじきラバウルへ乗りこんでいった。

天候不良のため発動が遅れ、第一回のガダルカナル攻撃は四月七日に実施された。以後、一六日までに通計六回の攻撃が行なわれた。参加した飛行機ののべ数は艦爆一一四機、中攻八〇機、戦闘機四八六機。宇垣中将の『戦藻録』に付された戦果表によると、撃沈艦船は大型輸送船六、中型九、小型三、巡洋艦一、駆逐艦二、飛行機撃墜一三四機（うち不確実三八）だったとされている。

山本長官は大臣と軍令部総長あて「敵ノ意表ヲ衝キ大ナル打撃ヲ与へ、敵ノ反攻企図ヲ防遏シ得タルモノト認ム」と報告電を打ち、作戦終結を発令した。

一七日に「い」号作戦研究会が開かれ、その日と翌一八日にかけ、母艦機隊はトラックへ帰っていった。

「甲事件」発生！

ところが、この作戦終了直後に、全海軍に鳴動を起こすような超大事件が突発した。

四月一八日の早朝、山本GF司令長官は宇垣参謀長以下七名の幕僚を帯同し、ブイン、ショートランド、バラレ方面の前線視察の目的でラバウル東飛行場を飛びたった。中攻二機に分乗し、護衛には六機の零戦がついた。宇垣参謀長は、かねがねショートランド方面にとどまらず、ニュージョージア島・ムンダにまで脚をのばして海軍将兵の士気を鼓舞すべきだ、したいと考えていたのだ。

飛行一時間半、まもなくブイン西飛行場に到着しようとしたとき、編隊は突如、P38一六機の襲撃をうけた。護衛戦闘機はただちに迎撃、防戦につとめた。しかし、なにぶん敵機は三倍ちかい。長官搭乗の一番機は被弾して火を発するとジャングルに墜落、参謀長たちの二番機は海上へ不時着してしまった。

宇垣サチは重傷を負ったものの、かろうじて生命をとりとめたが、山本長官ほか六名の幕僚は全員戦死であった。黒島亀人先任参謀はラバウルに居のこり、藤井茂参謀と土肥一夫参謀はトラックに残留していたので遭難をまぬかれた。一行の戦死が確認されたのは二〇日になってからだったが、〝連合艦隊司令部全滅〟ことは重大である。

海軍の巨星、希望の星であった山本五十六司令長官が戦死した。海軍首脳陣は騒然となった。後任はどうする？　しかも、連合艦隊の作戦指揮は一日たりと休むことはできない。

こんな事態にそなえて、日本海軍には「軍令承行令」という法規が常づね定められていた。簡単に書くと、それは艦隊はじめ艦船部隊すなわち海軍軍隊（だから官衙や学校は入らない）の指揮統率権は、将校が階級の上下、同階級だったら任官の先後によって、順次継承していくと規定した法令であった。したがって、山本大将の後任発令までは、この承行令によって連合艦隊の指揮は続行されなければならなかった。

当時、GF内で山本長官の次位にある将官はというと、第一艦隊司令長官の清水光美中将（海兵三六期）ではなく、二F長官の近藤信竹中将（海兵三五期）だった。すぐさま、東京からトラックへ指示がとんだ。これにもとづいて近藤中将は二一日午前三時、連合艦隊の各長官と海軍大臣、軍令部総長あて「山本連合艦隊司令長官事故ノタメ本職其ノ職務ヲ代理ス

（本件特例アル迄司令長官限リトス）」と電報を打ち、指揮を引きついだのであった。

一方、東京では正式の連合艦隊司令長官後任人事を急いだ。山本長官戦死の事実は全軍の士気におよぼす影響が大きいので、「甲事件」と称して極秘のうちに処理され、五月二一日まで国民の前に知らされなかった。

その間の四月二一日、古賀峯一大将（海兵三四期）がGF長官に任命され、二五日、ひそかにトラック在泊の「武蔵」に乗艦していた。それは親補式もキラビヤカな儀礼もない、コッソリとかくれるような赴任であった。

「武蔵」東京湾に帰る

連合艦隊司令長官に新着任した古賀峯一大将は、兵学校三四期卒業の鉄砲屋だった。前任の山本元帥が砲術から航空へ転進し、また軍政系の人であったのにたいし、古賀大将は軍令系統の勤務が多かった。戦略・戦術思想は古典的で、「戦艦」中心の艦隊決戦信奉者だ。すくなくとも、太平洋戦争第一年目までは、戦艦に固執していたはずだ。

そして、参謀長宇垣纏中将は奇蹟的に生還したものの重傷を負ったので、福留繁中将と交代した。宇垣さんと同期の四〇期だが、こちらは航海屋出身だった。軍令部第一部長（作戦部長）から来たのだが、前にもGFサチをやったことがあるので、こんどは二度のおつとめであった。この人も、人後に落ちない大艦巨砲主義者である。

さて、この難しくなった戦局を打開するため、ご両人、どんな戦法をつかって戦おうとするのであろうか。山本大将戦死の直後だったので、海軍の関心は南東方面、ソロモン・ニューギニアに集中していたが、上げ潮にのった連合軍は、東西南北、どの方角からでも自由に攻めかかってこられるのだ。

海上決戦兵力の中核である第三艦隊、第二艦隊の大部分は、「ケ」号作戦後もトラック泊地に入っていた。古賀大将の「武蔵」をGF旗艦に、日夜訓練にはげんでいた。ここから、南東方面と中部太平洋全般ににらみをきかせ、敵艦隊が来攻したならば即刻出動し、主力部隊を捕捉撃滅しようという算段であった。

さきの「い」号作戦では、一時的にではあるが、この方面に敵影を見ないほどの戦果をあげた。だが、搭乗員と機材の被害も予想以上に大きかった。自爆、未帰還、大破計四九機。そこで一航戦は内地へ帰って補充、訓練を行なうことになり、第二航空戦隊は残って近藤前進部隊指揮官のもとで待機にはいった。五月三日(昭和一八年)、小沢長官は「瑞鶴」「瑞鳳」と第一〇戦隊をひきいてトラック島を発航する。ただし、一〇戦隊の駆逐艦の大部分は草鹿中将の南東方面部隊に編入されたままだ。小沢部隊は八日、呉にぶじ入港したが、飛行機隊は訓練のため、洋上から発進して鹿屋基地にあがった。

ところが、それから間もなくの五月一二日、キンケイド少将の有力艦隊に護衛された、米軍約一コ師団がアッツ島に上陸を開始してきた。敵は、こんどは北へきたのだ。急を知ったGF司令部より、小沢中将あて「在内地機動部隊は整備、訓練を急ぎ、北方作戦準備を完整せよ」という電報がとんだ。横須賀で修理中だった「翔鶴」は、三月中には完了していた。

だが、「い」号作戦の後遺症で、一航戦搭乗員は技量不十分、あわただしくドロナワ的着艦訓練にはげむ始末なのである。

つづいて一四日、機動部隊へ「五月二二日ごろ横須賀方面に集結、五月下旬（後令）千島東方海面に進出敵艦隊機動部隊の撃破に任ずると共に北方部隊の支援」に当たれとのGF命令がきた。一七日には、古賀司令長官みずから、三F所属でトラックに残っていた第二航空戦隊と戦艦の第三戦隊、重巡の第八戦隊、その他駆逐隊を指揮して横須賀へ向け、錨を抜いた。二二日、東京湾に入り部隊は横須賀に入港したが、「武蔵」だけは木更津沖に碇泊した。このとき「武蔵」には、山本前GF長官の遺骨が安置されていたのだ。遺骨は、ここから駆逐艦「夕雲」にうつされ、横須賀へ向かった。

いっぽう、米軍がアッツに上陸して一週間たった五月一八日、第一二航空艦隊があらたに編成された。

フィリピン、マレーでの緒戦に始まり南西方面を荒らしまわった第一一航空艦隊は、その後、戦勢の推移から、主作戦を南東方面に固定されていた。司令部も前年夏いらい、ラバウルを動いていない。しかし、一一AFの作戦担任区域は、機動基地航空部隊として全交戦区域の大部分を定められており、麾下の部隊には、南東方面はもちろんのこととして、マーシャルや本土にいる航空隊もあった。したがって、あまりにも拡がりすぎて長官の指揮掌握に困難が感じられていた。そこで、北方地域の航空作戦を担当させる基地部隊の創設が考えられていたところ、米軍のアッツ上陸で急遽、第一二航空艦隊が編まれたのであった。司令長官には、航海屋出身で大佐のとき、航空に転じた（転じさせられた）戸塚道太郎中将（海兵三八期）が任じられた。

一水戦、キスカ部隊を救出

内海にいた一航戦も五月二五日、木更津沖へ回航して、ひさしぶりに三Fのあらかたがそろった。「翔鶴」に各戦隊司令官、艦長、幕僚が集って細部の研究、打ち合わせが行なわれ、各艦には防寒具が積みこまれた。古賀長官は、いぜん、この機会を利して敵艦隊に決戦を挑もうという腹である。

しかし、大本営の西部アリューシャン確保についての、その後の見通しは悲観的だった。GFによる艦隊戦闘の企図はそのままとするも、アッツ、キスカ両島からは守備隊を撤収し、北東防衛線を千島列島、樺太、北海道まで下げざるを得まいとの判断になった。海軍部では、そのむねを、二一日に発令しており、最初の予定では、アッツは潜水艦で、キスカは潜水艦と状況が許せば輸送船と駆逐艦を撤退に使う考えであった。

ところがアッツ島では、救援も守備隊撤収も機動部隊による艦隊戦闘も実施されないうちに、山崎保代陸軍大佐以下の守備隊は五月二九日、全員〝玉砕〟という名で全滅してしまった。

だが、不幸中の幸いといおうか、キスカ島では、戦後に〝霧の撤退作戦〟として有名になる引き揚げ作戦が、ホントに奇蹟的な成功をおさめた。撤収部隊は合計一五隻、七月七日に幌筵を出発して現地へ向かった。指揮をとるのは、軽巡「阿武隈」に座乗する一水戦司令官木村昌福少将。が、一一日ダメ、一三日、一四日、一五日も霧が発生しないとの理由で中止。木村はヒゲに似合わず臆病者との非難が起きた。しかし彼は、そんな雑言に耐え、やっと二九日、発生した待望の海霧にまぎれてキスカに突入、約五二〇〇名の守備隊員を全員ぶじ救出したのだ。

キスカ撤収作戦の旗艦となった軽巡「阿武隈」

アッツの山崎部隊長が、五月二九日、最後の訣別電を発すると、古賀GF長官は艦隊戦闘を断念した。そして、三S、七S、二航戦を南東へもどすことにし、一航戦、一〇Sには瀬戸内へ回航して九州で飛行機隊の訓練を再開するよう命じた。

それから間もなくである。瀬戸内海で不幸な事故が発生した。六月八日、柱島泊地に碇泊していた四〇センチ砲戦艦「陸奥」が、とつじょ爆沈してしまったのだ。原因はいまだにわからない。「長門」とならんで、戦前の日本海軍の象徴だったが、ついに一発の砲弾も敵艦に向かって撃つことなく、むなしく海底に消えた。

さらに六月三〇日の朝まだき、こんどは、米軍の矛先はソロモン中央のレンドバ島に向けられ、上陸開始、同時にニューギニアのサラモア南方ナッソウ湾にも米豪連合部隊が上陸してきた。当時、この方面におけるわが基地航空兵力は約三〇〇機、陸軍機約一八〇機だった。七月初旬にかけて相当の戦果をあげたが、疲労と兵力の寡少から被害も増えていった。水雷戦隊も協力して、レンドバ泊地を襲撃する。

外南洋部隊指揮官の鮫島具重中将（八F司令長官）は全力をあげて、コロンバンガラ島への増援輸送につとめた。七月九日夜は、長官みずから巡洋艦二隻、駆逐艦八隻をひきいて輸送にあたり、一二日夜には伊崎俊二少将の第二水雷戦隊に輸送を行なわせた。両日とも一二〇〇名の輸送に成功し、一二日夜の作戦は「セントルイス」ほかの乙巡三隻、駆逐艦一〇隻の部隊と交戦、乙巡は三隻とも大破、駆逐艦「グウィン」を撃沈、二隻大破の戦果をあげた。この戦闘をコロンバンガラ島沖夜戦と呼称したが、旗艦「神通」が身を殺しての犠牲による戦果だった。「神通」は大正一四年七月の竣工いらい、いくたびも名門・二水戦の旗艦をつとめた〝名艦〟である。

こうして、艦隊は死力をつくして輸送に努力したが、戦勢を挽回するにはあまりにも量が少なく、ソロモンの中枢ムンダはすっかり包囲されてしまった。ニューギニアでも、サラモアに対するオーストラリア軍の攻勢が活発となり、ジリジリと戦線を下げざるを得なくなっていた。

南東方面の戦局が急迫してきたので、小沢部隊は予定を早めてトラック島へ進出することになった。一航戦、八戦隊、一〇戦隊の各艦に陸軍部隊を便乗させると、七月九日、内海を後にした。一五日、トラック着。入れかわって近藤信竹長官の第二艦隊が、二一日にトラックを発し、整備のため内地へ向かった。近藤サンの二F着任は、開戦まえの昭和一六年九月だから、もうずいぶん長い。一八年四月には、海軍大将に進級していた。

期待の「龍」と「虎」――新・一航艦

ところで、真珠湾空襲の基本的実行計画の立案者だった源田実中佐は、ミッドウェー作戦後、「瑞鶴」飛行長に転じた。さらに一時、第一一航空艦隊の参謀としてラバウルに赴任したが、マラリアにかかり、一一月中旬（昭和一七年）軍令部参謀を命ぜられて内地に帰っていた。

こんどは、中央にあって海軍航空作戦全般を所掌するのだが、彼は考えた。いまのような消耗戦をつづけていたのでは、なすところなくわが航空部隊はついえてしまうだろう。いつか、どこかで敵進攻主力をとらえ、決定的な打撃をあたえる必要がある。それにはどうしたらよいか、とまた彼は考えた。

どうしても、きたるべき大決戦にそなえるため、手つかずの兵力を整備しておかなければならない。それには、この兵力をとうぶん連合艦隊へ編入せずに中央直属とし、高練度に磨きあげ、いよいよというとき、一気に作戦に投入する方法をとるべきだ。

部隊としては二本立てがよい。第一は、基地航空部隊である。機動性を高め、西はインド洋から東はマーシャル諸島まで、戦局に応じて急速転進が可能なようにする。第二は、母艦航空部隊だ。現在、「翔鶴」「瑞鶴」という強力な母艦が残っており、重防御を施した「大鳳」も一年あまりで完成する予定だ。特設空母や小型空母として「隼鷹」以下数隻の母艦も期待できる。予想する敵の機動部隊にくらべれば、はるかに劣勢だが、第一案の基地部隊とうまく協力すれば、痛撃をくわえることも不可能ではない(源田実『海軍航空隊始末記』)と、構想を浮かべたのである。

なかんずく、源田部員は第一案に力点をおいた。というのは、母艦部隊だと、母艦の建造、搭乗員の教育訓練に時間がかかること、脆弱性があることなどの難点があった。それに反し、基地航空部隊は搭乗員の養成もはやくでき、かつ西南太平洋上に点在する島々を不沈空母として使える利があったからだ。

彼はこの意見を上申し、認可されると、基地航空部隊の建設準備にとりかかった。案画した兵力はだいたいつぎのような内容であった。

陸上偵察機	一コ航空隊	四八機
戦闘機	四コ航空隊	二一六機
夜間戦闘機	一コ航空隊	五四機
陸上爆撃機	一コ航空隊	七二機
艦上攻撃機	一コ航空隊	七二機
陸上攻撃機	一コ航空隊	七二機

合計五三四機になるが、これで一コ航空戦隊を編成し、同様の航空戦隊三コを合して航空艦隊をつくりあげる。したがって、予定どおり編成が完了すれば、一コ艦隊が一六〇〇機と

いう膨大な部隊となる計算だ。

搭乗員としては、指揮幹部には有能な歴戦者をあてるが、一般搭乗員にはできるだけ練習航空隊を卒業したばかりの新人を入れる方針とする。南方方面では連日のように激しい消耗戦がつづけられているため、熟練者は極力そちらへ向けたかったからだ。

司令部の組織は簡略化し、部隊に清新の気が吹きこめるよう、参謀には新進気鋭の士を起用する。基地機動航空部隊として、急速な移動集中によって随時随所に圧倒的優勢を保持するため、かずかずの施策をほどこす。たとえば、司令部も各航空隊士官室もすべて兵食を採用した。移動のさいの携行荷物も型をきめ、司令長官も兵員も、そのなかに食器、湯呑みが入っているというあんばいだった。

訓練期間はおよそ一年間、この期間は、消耗戦の渦中に巻きこまれないよう、大本営直率として大事に育成する。そして、できればこのような航空艦隊をもう一つつくりたいとの願いをもっていた（防研戦史『大本営海軍部・連合艦隊〈4〉』、淵田美津雄・奥宮正武『機動部隊』）。

こういう大きな計画のもとに、まず最初にできたのが、戦闘機の「第二六一海軍航空隊」と陸攻の「第七六一海軍航空隊」だ。二六一空は別名「虎」部隊と称し、上田猛虎中佐（海兵五二期）を司令に鹿児島基地で訓練を開始した。七六一空の方は「龍」部隊、司令はやはり五二期の松本真実中佐で、こちらは鹿屋基地で訓練を始めた。ともに昭和一八年六月一日の開隊だった。従来ならば、航空隊司令は大佐級が通例だったが、新風を巻き起こすよう、中佐の若手が配されたのである。

艦隊名は、ハワイ空襲機動部隊の基幹艦隊名をおそって「第一航空艦隊」と名づけられた。司令長官に猛将の名の高い角田覚治中将（砲術屋）、参謀長には開戦時、連合艦隊作戦参謀だった三和義勇《よしたけ》大佐（航空出身）が就任して、七月一日に横浜基地で発足した。

〝前進部隊〟改め〝遊撃部隊〟

昭和一八年夏、レンドバへまたナッソウ湾へと敵に上陸されてからというもの、ソロモン、ニューギニアのわが形勢は日ましに苦しくなっていた。しかも、アメリカの対日積極作戦ルートはこの南方線だけでなく、主導権を握っている以上、北方からでも中部太平洋を真っすぐにでも、好き放題であった。

このうち、北方路線は大圏航路なので最短距離で来攻できる。さらに日本側には前哨線がないので、防御上、弱点をもつルートだった。ただし冬は海が荒れ、夏は霧が発生して敵味方ともに行動しにくい、長所とも短所ともいえる条件はあった。が、ともかく護りを固めるのが緊要と、八月五日付で「北東方面艦隊」が発足した。麾下の構成艦隊は、五月一八日に新設されたばかりの第一二航空艦隊と、戦前よりの第五艦隊とである。司令長官は一二ＡＦの戸塚道太郎中将の兼務とされた。

さて、七月九日に先発していた小沢部隊のあとを追い、三一日に内海西部を発した古賀長官の「武蔵」以下は、八月五日にトラックへ入港した。

大本営からは、この年三月、関係部隊に第三段作戦についての一般的な指示はなされていた。だが連合艦隊では、山本長官の戦死、参謀長以下幕僚の交代、アリューシャン作戦などゴタゴタつづきで、GFとしての全般的命令の発令が遅れていた。そこで、この機会にトラック所在の指揮官、幕僚が「武蔵」に集められ、「連合艦隊作戦要綱」の下達と説明が行なわれた。

とりわけ、連合艦隊が生起するのをもっとも期待した太平洋正面での戦いには、「Z」作戦の呼称をつけて準備に入った。海戦予想地域別に甲、乙、丙作戦に分け、甲が千島方面、乙が本州東方洋上・南鳥島方面、丙はウェーキからマーシャル、ギルバート、ソロモンを結ぶ一帯を作戦海域に想定した。

作戦方針としては、まず航空兵力の大部をあげて敵航空母艦を先制撃破し、制空権を獲得する。ついで、主攻撃を艦隊または上陸用輸送船団に向けるのだが、敵情によっては船団の攻撃、撃滅を優先することもあり得るとした。この船団攻撃では、極力洋上とおくで捕捉撃破し、残ったフネを上陸直前または水ぎわで殲滅するのを本旨とされた（防研戦史『大本営海軍部・連合艦隊〈4〉』）。

作戦のため、連合艦隊内の編制を予想戦闘に応じて、主隊、機動部隊……と組みなおすのは今までと変わりはなかった。だが、第二艦隊を基幹とする前進部隊を、今回から「遊撃部隊」と名称がえしたのが、目あたらしい変化といえよう。戦艦中心の決戦から、空母決戦へと戦法が変わったためであった。

絶対国防圏の設定

ところで、八月一五日には、有力な米軍部隊がコロンバンガラ島北西のベララベラ島に上陸してきた。ために、ムンダはその戦略価値を失い、危険をおかして輸送したコロンバンガラの救援陸軍部隊も手おくれになってしまった。海軍は中部ソロモンの確保を望み、陸軍にさらなる増援を希望したが、こうなると陸軍側も簡単には首をタテにふらない。海軍としても、増援部隊への補給輸送に十分な自信はなかった。

大本営から指示が出され、九月一五日より中部ソロモン全面撤退の準備が始まり、下旬、ムンダ地区の撤収が下令される。このころ、ニューギニアでも米豪連合部隊の進攻は速度をはやめていた。九月四日、ラエ東方のホポイに約八〇〇〇名の海兵部隊が上陸、翌五日にはラエ西方のナサブに落下傘部隊一七〇〇名を降下させて、ラエを挟撃してきた。陸軍・第五一師団長はその七日、ラエ、サラモアの部隊に、サラワケット山脈を山ごえしてシオに転進することを命令した。一二日に、第一梯団が出発する。

大本営は、またも作戦方針を転換せざるを得なくなった。それに、ヨーロッパ方面でも、イタリアが枢軸側から脱落する、なんとも好ましくない事態が起きていた。

九月三〇日に御前会議がひらかれ、「今後採るべき戦争指導大綱」が決定された。そして、戦争を遂行するうえで、日本として絶対に確保しておく必要のある要域を「絶対国防圏」と名づけ、千島、小笠原、マリアナ諸島、東西カロリン諸島をへて西部ニューギニア、スンダ、ビルマにいたる圏域をさだめた。

大本営海軍部（軍令部が主体）では、この戦争指導大綱にしたがって、各方面での新作戦方針を樹立した。戦争は筆でするものではないのだが、しかたがない。中部太平洋方面では、「南東方面の要域において極力持久を策し、この間速やかに豪北方面より中部太平洋方面要域にわたり反撃作戦の支撑を完成す」（中島親孝『聯合艦隊作戦室から見た太平洋戦争』）と示された。作戦準備できあがり目標は、およそ一九年春、それまで草鹿任一中将の南東方面艦隊にときをかせいでもらおうというわけだ。

〝確保〟とは、何がなんでも、シャニムニ頑張り、保持することだが、〝持久〟になると、保持のため一生懸命戦うけれど、戦闘のなりゆきで放棄、撤退もありうると、一段トーンが下がってしまう。ソロモン諸島、東部ニューギニアそれからラバウルは絶対確保の自信がなくなったため、極力持久に変更したのだった。

〝圏外〟となったラバウル

外郭要地で時間をかせぐにしても、ラバウルはGFにとって扇のかなめと考えられる地点だ。ここを敵にとられてしまったら、主防御線である西カロリンも無力化するおそれがあった。そこで大本営海軍部は陸軍に要請して、さらに一コ師団の増派に同意を得たのだが、それでも、連合艦隊司令部は、ラバウルを絶対確保の国防圏からはずしたことに、非常に不満だったという（山本親雄『大本営海軍部』）。連合艦隊の待機位置を、現在のトラック泊地から後退させて、パラオあるいはさらに西方へ移したらと海軍部は提案したのだが、GF司令部はそれにもよい返事をしなかったのだ。

福留繁軍令部一部長が宇垣纒中将にかわって連合艦隊参謀長に転出したあと、後任の一部長の席についたのは中沢佑少将（海兵四三期・のち中将）だった。したがって、中沢少将は絶対国防圏設定の関係者だったわけだが、彼は、そのころの海軍をこう批判する。

海軍としては、こういった構想は戦前より持っており、これを基底に軍備および作戦を練っていた。すなわち、この絶対国防圏のゾーンを防衛の第一線とし、哨戒線を東経一四〇度上において邀撃する。主力部隊は瀬戸内海西部に、前進部隊は横須賀または沖縄、南西諸島にあって待機する。ひとたび、敵主力がわが防衛線に来攻したならば、わが主力部隊はただちに出撃、西太平洋上において決戦しようとの腹であった。

この程度の大きさの作戦規模が、わが国力、軍備力にふさわしかったのだ。なのに、太平洋戦争開戦時の当事者は、長年にわたる研究、準備を無視し、猪突猛進して作戦区域を過度に拡大した。いったん作戦にソゴを生ずるや、収拾しがたい状態におちいってしまったのである（刊行会『海軍中将中沢佑』）。

いっぽう、南西方面では、新作戦方針が示達されるすこし前の九月二〇日付で、「第一三航空艦隊が編成されていた。それまで南西方面艦隊に、それぞれが独立して直属していた第二三航空戦隊と第二八航空戦隊とで、一三航艦を形成し、あらためて南西方面艦隊に編入しなおしたのだ。司令長官は南西方面艦隊長官の高須四郎中将（海兵三五期）の兼務だ。

なんでこんな面倒なことをしたかというと、当時、インド洋情勢が悪化してきたため、南西方面の航空防備力を強化するのが狙いであった。航艦司令部ができることによって、作戦の〝統一〟指揮がやりやすくなる。

と同時に、このころはすでに敵潜水艦の活躍で、南方産石油の内地向け輸送が苦しくなりだしていた。それで、艦隊の訓練も航空部隊の搭乗員練成も、南西方面で実施しようとの機運が高まっていた。すなわち、一三航艦はGFの航空予備兵力蓄積のための存在としても、期待がかけられたのだ。

「第九艦隊」ニューギニアに開隊

あっちこっちについた火は、メラメラと燃えあがりはじめた。

そんな一八年一〇月二七日、米軍は、こんどはブーゲンビル島南方至近のモノ島に上陸してきた。GF司令部は、春以後も、前線から再三要求されていた一航戦飛行機隊の南東方面陸上派遣に反対しつづけてきた。「い」号作戦で、こりたからだ。なのに、こんどは唐突に態度をひるがえしてラバウル派遣を決定した。いわゆる「ろ」号作戦である。

命をうけた小沢三F長官は、陸攻に搭乗して一一月一日にトラックを発し、午後二時にはラバウルに到着した。「瑞鶴」「翔鶴」「瑞鳳」の飛行機隊一七三機も、前後してラバウルおよびカビエンの飛行場に進出する。

その一日未明、ショートランドでは飛行場が猛烈な艦砲射撃をうけ、午前五時、ブーゲンビル島中央のトロキナ付近に敵は大兵力で上陸を開始した。以後、この近辺の陸上戦闘を中心に、一航戦母艦機隊も参加して航空戦と海戦が数次にわたってくり返された。ブーゲンビル島沖海戦、第一次～第五次ブーゲンビル島沖航空戦……。

古賀GF長官は、「ろ」号作戦であていど戦果があがったところで、敵水上部隊を夜戦で撃滅し、トロキナへの逆上陸を援護しようと企図して、栗田健男中将（二F司令長官）の遊撃部隊にラバウル進出を命じた。重巡・第四戦隊以下の艦隊はトラックを抜錨して、一一月五日早朝、ラバウルへ入港した。

ところが、ひと息つく暇もなく出撃のため燃料補給をはじめたとたん、米空母機約一〇〇機のほか大型機、P38多数の空襲をうけてしまった。

南太平洋海戦で、米機動部隊は大打撃をあたえられたが、はやくも勢力をもりかえしていた。ソロモン、ニューギニアの陸上戦闘、陸上航空隊による作戦に呼応しながら、たびたび近海に出没しては付近要地に空襲をかけはじめていた。その年秋まで、ラバウルは比較的おだやかだったが、一〇月一二日に戦爆連合の攻撃があっていらい、様相は一変したのだ。

栗田部隊は沈没艦こそ出なかったものの、ほとんど全艦、被弾や至近弾で大きな被害をこうむってしまった。草鹿任一南東方面部隊指揮官は、トロキナ逆上陸を中止し、栗田部隊にはトラックに引き返すよう命令した。遊撃部隊は、わずか半日のラバウル在泊で、およそ一三〇名の尊い人命を失い、多くの大事な艦を傷め、しかもなすところなく、立ち去らざるを得なかった。

「ろ」号作戦は一〇日間で終了した。華々しく大戦果が報告された。だが、戦後、米軍の発表したところによると「損害わずか」となってしまうのだ。本当に〝幻の大戦果〟だったのだろうか、米軍の公表は真実なのか。明確なのは、わが損害のはなはだ大きかったことだ。それは予想をこえており、またまた一航戦飛行機隊の再建に、最低三ヵ月を要してしまうことになるのである。この〝懲りない作戦〟発起には、ダンピール海峡の制海権維持のため、陸軍からつよい出撃要請があったのも一因といわれている。

トロキナの上陸作戦に成功すると、米機動部隊はいよいよほこ先を中部太平洋に向け、一一月中旬、ギルバート諸島に大空襲をかけてきた。そして、二一日、同諸島のタラワ、マキンに上陸を開始した。しかし、母艦航空兵力をスッテしまった古賀連合艦隊は、手のくだしようがない。

柴崎恵次少将（海兵四三期）の第三特別根拠地隊約三五〇〇名が守備しており、かつて戦史に例を見ない猛反撃をくわえたが、寡兵抗すべくもなかった。二五日、ついに全滅した。

昭和一八年もそろそろ暮れにちかくなろうとしていたが、ガ島撤退いらいこの一年、南からは突きあげられ、北で叩かれ、さらには東からも押しまくられる情勢になった。そんな苦境に対処しようと、海軍ではまた新たに二つの艦隊をこしらえた。

一つは一一月一五日付の「第九艦隊」。それまで、ソロモンとニューギニア両方面の作戦は第八艦隊の担当だった。しかし、戦争がこう激化してくると、とても二正面の作戦を八Fだけではまかないきれなくなった。そこで、東部ニューギニアの作戦には、べつに司令部を設けて専念させようと編成されたのが第九艦隊だ。したがって、所属する艦船に目ぼしいフネはない。司令長官には、海兵三九期、鉄砲屋出身でドイツにも長く駐在したことのある遠藤喜一《よしかず》中将が補任された。

いま一つは「第四南遣艦隊」である。こちらは一一月三〇日の編成。当時、南西方面艦隊では、麾下の〝二南遣〟がジャワ、ボルネオから西部ニューギニアにおよぶ広い範囲の防備にあたっていた。だが、米軍は東部ニューギニアからさらに西進する形勢となった。ために、西部ニューギニア、ハルマヘラ、アンボンをふくむ地域に強力な防衛圏をつくる必要にせまられ、〝四南遣〟の新設となったのだ。司令長官にはやはり海兵三九期で水雷術出身、ただし、大佐のときに航空へ転身した山県正郷中将が任命された。

昭和一八年に編成された艦隊は、各種あわせてつごう六コ艦隊であった。

〝敗けいくさ　なのに　艦隊ばかりでき〟の年となった。

潜水艦隊使用方針変更?

ここのところしばらく、潜水艦隊と対潜艦隊から目を離していたので、チョッと、そちらにターゲットをうつしてみたい。

軍縮条約によって、主力艦をはじめとする艦艇の軍備制限を受けていらい、わが海軍は潜水艦作戦に異常なほどの期待をかけ、それだけに、太平洋戦争まえの日本潜水艦は船体、乗員、戦術ともに世界一を誇っていた。戦略的使用法は、敵主力の在泊する港湾監視、それに引きつづく追躡・漸減作戦である。

犠牲をいとわぬ猛訓練をかさね、精進した甲斐あって、どんなに厳重な警戒線をも突破し、目標を攻撃できる満々たる自信の域に達していた。平時の戦技や演習における彼らの襲撃技量は、じっさい〝神技の感あり、けっして期待にそむくまい〟と軍令部や海軍省、また艦隊司令部の目には映った。

開戦初頭のハワイ攻撃では、清水光美《みつみ》中将の指揮するそんな潜水部隊・第六艦隊は、総力をあげて作戦に従事した。三輪茂義少将の第三潜戦と山崎重暉少将の第二潜戦はパールハーバーの南北をとりかこむように〝監視配備〟につき、佐藤勉少将の第一潜水戦隊潜水艦五隻は、搭載特殊潜航艇をひそかに放って港内の敵艦攻撃にかかった。

ところが、潜水艦二七隻を使用した一ヵ月余にわたる大掛かりな封鎖作戦の成果は、まことにむなしかった。かえって、「伊七〇」潜と特潜五隻を喪失してしまった。そして作戦終了後、帰還した潜水隊司令や潜水艦長たちは、みな「警戒厳重な港湾の封鎖作戦は不可能。対潜防御艦艇や哨戒飛行機に制圧されればどおしだった。たまたま目標を発見しても、わが攻撃に先んじて猛反撃されてしまった。したがって、こんご潜水艦は商船攻撃、交通破壊戦に主用すべきである」と報告したのだ。これには大本営も連合艦隊も強烈な衝撃をうけ、深刻な失望を禁じ得なかった（福留繁『海軍の反省』）。

しかりとすれば、多年、期待をかけてきた潜水艦作戦の根本がぐらついてしまうではないか。しかも、たった一回の作戦不首尾で、方針変更を申し出るというのでは、過去数十年の忍苦の研究演練は何だったのか、と門外漢には問いかえしたくもなる。とはいえ、潜航すればたった一本の潜望鏡と水中聴音機だけがたよりの潜水艦には、対潜能力のすこぶる高い艦艇と飛行機に護られた港湾の監視、封鎖はむりだったのだろうとも想像される。

六艦隊司令部も、そういう現場の声を聞き、海上交通破壊戦に目を向けはじめた。しかし、敵空母の所在を見張る意味からも、ハワイ監視をいぜん重視していた。〝先遣部隊〟という名称の意義からも、それは当然だったろう。

潜水部隊編制改正

第二段作戦の発起にあたって、潜水部隊にも改編がくわえられていた。第一段作戦中に失った潜水艦は六隻だったが、四隻が竣工しており、とくに大型艦が増加したので、これと一潜戦から一部の兵力を移して「第八潜水戦隊」を新編することになった。昭和一七年三月一〇日開隊、司令官は海兵四二期出身の石崎昇少将で、生粋の潜水艦乗りだ。編成の直接目的は、ハワイ軍港にかけた特潜攻撃につぎ、しかるべき敵港湾へ第二次特潜攻撃を実施することにあった。そのために、一次攻撃の経験をもつ潜水艦を一潜戦から転入させたのである。現実には、豪州・シドニー軍港とマダガスカル島・ディエゴスワレズ港を襲撃した。

そして、同じ日付で第四潜水戦隊が解隊された。大部分の兵力は五潜戦へ移され、四月一〇日には第六潜水戦隊も解かれて、各潜水艦は六F付属の身となった。この潜水艦は機雷敷設潜水艦で、運用の難しいサブマリーンだったため、通称〝嫌《キライ》い潜〟ともいわれていた。戦争が始まっても、あまり実用価値がなかったので航空燃料補給艦に改造されたのだ。

潜水艦部隊の戦果が少ないと、部内で批判が高まりだしたのは、この第二段作戦開始以後であった。しかも、戦後になっても、日本潜水艦は難しい艦艇攻撃にばかり熱を入れ、商船攻撃に努力しなかったとの声がある。

ペナンを出港する日本軍潜水艦

しかし、〝艦隊決戦主義〟を奉ずる海軍の潜水艦が、空母、戦艦などの主要艦艇撃沈に力を注ぐのは、あながち誤った戦法とはいえない。どこの国の海軍も同じで、アメリカだってそうだった。ミッドウェー海戦では二五隻の潜水艦を集中配備した。だが、まったく戦果があがらず、高速艦隊の捕捉は困難と判断すると、すぐさま戦略的使用法、つまり商船襲撃に切りかえてしまった。日本駆逐艦の対潜能力を実際以上に買いかぶったせいもあるのだが、このへんはさすがにアメリカ、すばやかった。
日本海軍は、あいかわらず敵主力を追いつづけ、それでも昭和一七年中には三隻の米空母を撃沈破している。まず、その年の一月一二日午後、稲葉通宗艦長ひきいる「伊六」潜が、好運にめぐまれて「サラトガ」に魚雷二本を命中させたのだ。〝沈没ほぼ確実〟と艦長は報告してきたが、じっさいはハワイへ逃げこんでいた。ミッドウェー海戦では、田辺弥八少佐の「伊一六八」潜が、恨みの空母「ヨークタウン」をほふった。厳しい警戒網をくぐり抜けて九時間をかけ、〝忍〟の一字に徹した攻撃による戦果だった。

さらに九月一五日、南太平洋・エスピリッサント沖に「ワスプ」を捉えたのは、「伊一九」潜艦長の木梨鷹一中佐だ。隠忍自重の接敵運動をつづけたのち、全射線の魚雷六本を発射する。結果は「ワスプ」撃沈だけでなく、戦艦「ノースカロライナ」撃破、駆逐艦「オブライエン」撃沈の付録までつく超大戦果をあげていた。

しかし、こうして大物の首はあがっていたが、一方、全般的成果は下り坂になっていった。最大原因は、米海軍の対潜水艦戦能力がめざましく向上したからだ。日本海軍も対抗策を講ずるのに必死になった。艦艇、兵器の面だけでなく、組織のうえでは一七年八月一〇日以降、潜水艦三隻による潜水隊編制が六隻編制に改められた。老齢の司令が乗っているとかく行動が退エイ的となり、戦果があがらないだけでなく、かえって被害が増すというのが、潜水艦長たちの〝司令不要論〟であったようだ。六隻編制は暫定案だった。

また従来は、新造潜水艦は単独で出撃まえの訓練をし、作戦準備をしていたが、八月三一日以後、「呉潜水戦隊」という練習部隊へ、一時編入することにした。瀬戸内海西部を作業海面に、二ヵ月半から三ヵ月くらい集合・統制教育をして、訓練効果を高めようというのであった。施策はいろいろほどこされていったが、その効果のほどはいかがだったろうか……。

予想以上の船舶被害

日本の潜水艦が不振を告げていくのと反比例するように、威力をたくましくしだしたのが米国潜水艦だった。ということは、わが方の対潜戦闘艦艇作戦の不調告知にほかならなかった。それまで、さして気にとめていなかった商船の被害がいちじるしく増大しだしたのである。

開戦まえ、日本海軍は、戦争第一年の船舶喪失見込みを最大一一〇万トン、第二年最大八〇万トン、第三年も八〇万トンとふんでいた。ところが、いざ始まってみると、第一年目は予想にちかい一二五万トンでまあまあだったが、二年目の昭和一八年には二五六万トン、さらに翌一九年になると、じつに三四八万トン、予測の四倍以上にもなってしまうのだ。しかも、その大半は敵潜水艦の襲撃によるものだった。

なんで、こんなに見込みと現実がくい違ってしまったのか、どうして、戦争が長びくにつれ船舶被害が減少すると予想したのだろうか？　過去の戦争で、このような海上交通保護作戦を経験したことのない軍令部は、どうやら確とした根拠のないままに推測数字を出したものらしい。第一年目の作戦展開で勝利をおさめることによって、米潜水艦の西太平洋方面での根拠地が失われ、味方船舶の安全航行海域がひろがる、と考えたことに理由があったようだ。が、その根本には、彼ら米サブマリーンの能力下算があったのだ。

そもそも、日本海軍には対潜戦闘を専門とする艦艇がなかった。

第一次大戦後、工業・貿易によって歩んで行かざるを得なくなったわが国に、そのための長大な輸送航路を保護する必要が生じたのは当然だった。なのに、日本海軍は船舶護衛にあまり（ほとんどか？）関心を向けなかった。艦隊決戦に勝ち、制海権を握りさえすれば、海上交通の安全など熟柿が落ちるようにしぜんに手に入ると考えていたようだ。海外に植民地をたくさん持つイギリスは、小型巡洋艦でもなく駆逐艦ともつかぬ護衛用の「スループ艦」を建造していた。自給自足の可能なアメリカでさえ、昭和一六年六月ごろには、護衛空母一隻をふくむ護衛艦艇約二八〇隻を保有していたのに、である。

日本海軍で、太平洋戦争中はじめて航用対潜・護衛艦がつくられたのは、「海防艦」という艦種のなかにおいてであった。

戦前、「磐手」「八雲」など日露戦争時代の旧式装甲巡洋艦を沿岸防備用に海防艦と称したことがある。が、こんな古くさいフネではなく、一五年六月から一六年にかけて「占守」型四隻が建造された。八六〇トン、二〇ノットの軽快艦だったが、これとても当初、護衛が目的ではなく、北洋警備のために造った艦だった。

完全に商船護衛用としての海防艦第一艦「松輪」が誕生したのは、なんと、船がボカボカと沈められだしてしばらくたった昭和一八年三月だったのである。しかも、一八年中に完成したのはわずか一五隻、あとは一九年以降になってからという有様だった。そんなわけで、海上護衛戦を本格的に組織化して戦おうとする機構ができたのは、一八年初冬の一一月一五日であった。それは、結果的にいえば、戦争の半ばを過ぎた時期になっていた。

「海上護衛総司令部」開設

その機構は「海上護衛総司令部」と名づけられた。やっと英国海軍流に、「国土防衛」に戦う〝決戦用艦隊〟と、「海上交通線維持」のための〝護衛用艦隊〟の二本立て海軍になったわけであった。すなわち、連合艦隊を日本海軍の右腕とするならば、海上護衛総司令部部隊は左腕にたとえられる。司令長官はもちろん天皇に直属した。

そこで、長官には連合艦隊司令長官とならんだとき、引けをとらないよう大物提督を据えることになった。初代長官には、軍事参議官から及川古志郎大将が引き出された。兵学校は三一期、永野軍令部総長の二年後輩だが、古賀峯一GF司令長官より三年もふるく、しかも、海軍大臣の椅子に座ったことのある超大物アドミラルであった。

及川長官には、「麾下海上護衛隊ヲシテ主トシテ其ノ担任航路ノ船団護衛ニ任ゼシムルト共ニ海上交通保護及対潜作戦ニ関シ各鎮守府司令長官及警備府司令長官ヲ指揮スベシ」との命令があたえられた。作戦事項に関しては軍令部総長の〝指示〟をうけ、軍政一般については海軍大臣の〝指揮〟によることも、連合艦隊司令長官と同列であった。

以前、書いたように、すでに第一海上護衛隊と第二海上護衛隊が昭和一七年四月に編成され、ほそぼそながら護衛作戦に従事していた。この両隊は連合艦隊の配下にあったのだが、当然のこととして、〝海護総司令部〟の指揮下に移された。

司令長官の直率部隊も編成され、一八年一二月、四隻の空母と一コ陸上航空隊がこの部隊に編入された。航空母艦といっても制式空母ではなく、もと春日丸の「大鷹」、八幡丸の

「雲鷹」、あるぜんちな丸の「海鷹」、独船シャルンホルストの「神鷹」だった。低速の商船改装空母なので、護衛作戦には手頃と考えたのであろう。でも、陸上航空隊の「第九〇一海軍航空隊」は、対潜戦闘専門に、上出俊二中佐（海兵五二期）を司令として、館山基地で開隊された部隊だ。九六式陸攻二四機と九七式飛行艇一二機とで発足したが、磁気探知機を使って空から敵潜水艦を発見、制圧しようというのであった。九〇一空は大急ぎで速成訓練をすますと、翌一九年一月には沖縄へ進出を命ぜられた。

海上護衛総司令部の指揮範囲はひろかった。司令長官の直接指揮下にある第一、第二海上護衛隊と直率部隊だけではない。

日本近海では、内戦部隊である横須賀、呉、佐世保、舞鶴鎮守府部隊と鎮海、大阪、大湊、高雄警備府部隊が、それぞれ独立して担任区域の海上交通保護にあたっていた。しかし、敵潜があまりにもバッコしてきたため、すべての船団護衛と対潜作戦は統一指揮したほうが適切、と考えられるようになった。そこで、この点についてのみ、関係部隊全般を通じて海上護衛司令長官が指揮するように改められたのだ。こういう指揮のやり方を「区処」といった。むろん、人事とか教育訓練などには口出しできない。

さて、新体制は出発した。だが、その開庁時、永野軍令部総長はいみじくも挨拶でこう述べた。「今になって海上護衛総司令部ができるということは、病いが危篤の状態におちいって医者をよぶようなものかもしれないが、国家危急存亡の秋《とき》、関係各官の渾身の努力を切望する次第である」

英砲艦「ペトレル」降伏せず

ところで、潜水艦隊と対潜艦隊だけでなく、目をはなしてしまったフリートに、「支那方面艦隊（CSF）」がある。

対米英戦争をハワイ軍港の奇襲とフィリピン敵航空基地への強襲で開始した日本海軍は、同時に中国大陸でも、新たな戦い、太平洋戦争の火ぶたを切った。だが、それはチョッと変わったやり方の戦闘だった。

CSFへあたえられた命令は、黄浦江上、上海に碇泊している米砲艦「ウェーキ」と英砲艦「ペトレル」に降伏を促し、無血で拿捕せよ、そしてもし、勧告に応じなかったら、即、撃沈せよというのであった。作戦実施は上海方面根拠地隊と上海海軍特別陸戦隊だ。

昭和一六年一二月八日、午前五時、古賀峯一長官の旗艦「出雲」から、二隻の内火艇に分乗した軍使が、それぞれ敵国砲艦へ緊張の空気につつまれて出発した。軍使になったのは、支那方面艦隊参謀である。すでに前日七日の夜、駆逐艦「蓮」がひそかに彼らのいる錨地の近くまで遡行《そこう》し、砲艦「鳥羽」と並んで砲撃態勢をととのえていた。

米艦「ウェーキ」はあっさり勧告に応じ、マストに白旗を掲げた。

しかし、英艦はちがった。軍使大谷稲穂中佐は「ペトレル」に乗艦すると前甲板へ行き、そこで艦長ウィリー中佐に会見する。大谷参謀は日英が戦闘状態に入ったことを告げ、降伏を勧めたが彼はこれを拒否した。まわりにいる日本軍艦はすべて砲門をこちらに向け、抵抗が無益なことを繰り返したが、ウィリー艦長の返答は断固「ノー」であった。

大谷軍使は深く感じ入った。「私が貴官の立場であったら、やはりノーと答えるであろう」と彼の態度をたたえ、握手を求めようとするや、艦長はその手を振りきって艦橋へ駆け上がった。大谷中佐は「ペトレル」に反撃の余裕をあたえてはならないと、ただちに赤色の拳銃信号弾を発射した。「降伏せず」の合図だ。これを見た「蓮」と「鳥羽」はいっせいに砲撃を開始する。集中砲火を浴びた「ペトレル」はたちまち横転、沈没していった。それは大谷軍使の乗った内火艇が、ようやく「ペトレル」を離れたばかりのときで、司令部では、彼も巻きぞえをくって戦死したものと判断していたという(防研戦史『中国方面海軍作戦〈2〉』)。

この八日早朝、上海の陸上でも陸戦隊がさっそく市内の交通規制をはじめた。また、陸軍と協力して租界や敵産の差し押さえ、接収を行なう。敵性人物の逮捕や新聞社、放送局、米国海兵隊兵舎の収受が主な仕事に入っていた。

八日のうちに、黄浦江上に在泊、航行していた中小の船舶約二〇〇隻を拿捕し、またたく間に、上海方面での対米英戦は勝利のうちに終わったのであった。なお、降伏した「ウェーキ」は、後日再生されて日本海軍砲艦「多多良」となり、わが軍に使われたが、終戦後は国民政府軍の手に移った。

二遣支、香港攻略支援

他方、開戦前ＣＳＦには、「支那方面艦隊司令長官ハ……陸軍ト協同シテ香港ヲ攻略シ……南方軍ノ作戦ニ協力スベシ」との命令も下されていた。

香港は当時、人口一〇〇万。小島だが、英国の植民地として重要な軍事的、政治的策源地であった。広東に近く、海上交通もきわめて枢要な位置を占めていたので、事変中は、重慶政府をささえる援蔣の最大拠点だったのだ。すなわち、日本の対中国作戦上まことに邪魔な存在であった。

開戦直前の状況は、一五センチから二〇センチくらいの大砲で要塞が構築されており、守備兵はおよそ七〇〇〇、周囲の水道は機雷で閉塞されていた。海軍兵力は乙巡一、駆逐艦三、砲艦四……で大したことはなく、しかも、多くの艦艇は開戦まえにいちはやく脱出してしまい、残っているのはザコばかりだった。

わが方の担当艦隊は、いうまでもなく第二遣支艦隊だ。軽巡「五十鈴」を旗艦とし、司令長官は新見政一中将（海兵三六期）。作戦の主役は当然、要塞攻撃の陸軍であり、海軍は脇役であったが、敵の防備がこんな状況だったので、海軍の戦闘は機雷の掃海と敷設されている海底電線の切断だった。

啓徳飛行場に配備されていた敵航空部隊は、開戦の日の早朝、陸軍機が奇襲して全滅させてしまった。作戦はなんなく進捗し、陸軍部隊は快進撃をつづけ、香港島を目の前にする九龍地区に進出する。とはいえ、敵の主砲台はなかなかダウンしない。ついに海軍機で爆撃をくわえた。しかし、それでも英軍は第一回目の降伏勧告に応じなかったので、陸軍は水道を渡り香港島に攻略部隊を上陸させた。

英総督官邸に白旗があがったのは一二月二五日、午後六時であった。

以上で、中国大陸におけるわが海軍の進攻作戦は一段落である。支那方面艦隊は兵力の整理、整頓にかかった。

香港攻略海軍部隊は二遣支が主力だったが、応援にきていたGFや一遣支、三遣支からの艦艇、飛行機隊は原隊へ帰った。二遣支麾下では、砲艦「嵯峨」「橋立」、水雷艇「鵲」「鵯」それから第一四掃海隊で成り立っていた第一五戦隊は、あくる一七年四月一五日に解隊され、「五十鈴」は第二南遣艦隊の一六戦隊へ移った。すっかり淋しくなってしまった。

それより前、香港占領直後の一二月二六日、進撃部隊の中軸で働いた広東方面特別根拠地隊は、なかみはほとんどそのままに「香港方面特別根拠地隊」と改称し、司令部を香港に進出させた。占領後のあと始末や、警備、機雷掃海、港湾防備が主任務である。広東には、麾下部隊として広東警備隊を開設した。

伊船「コンテベルデ」拿捕ならず
日華事変時代は、中国大陸での戦闘は海軍にとっては片手間の戦いだったとはいえ、やはり第一線であった。中攻隊をはじめとする航空部隊を大々的に繰り出して華ばなしく戦った。だが、太平洋戦争が始まると、大陸戦線は完全に裏街道である。兵力の整頓は縮小の方向に向かって取り運ばれた。

一七年一月一五日、厦門《アモイ》方面特別根拠地隊は厦門警備隊へと軽量化された。いま書いた一五戦隊の解隊もその線に沿った施策だったが、河瀬四郎中将がひきいる第三遣支艦隊も廃止され、青島方面特別根拠地隊に模様がえされた。任務は華北沿岸地域の警備でべつだん変わらなかったが、その長は司令官に格下げされ、飛行機屋出身の桑原虎雄中将が就任する。発令は四月一〇日であった。

話はまた、一八年にとぶが、揚子江の支流・黄浦江でスリリングな事件が発生した。場所は英艦「ペトレル」が撃沈された、もうすこし上流のところである。

そこには、イタリアの汽船「コンテベルデ号」が碇泊していた。開戦後、外交官たちの交換船として使われたのち、ここに腰を据えていたのだ。初秋九月九日、イタリアは連合国側に無条件降伏したため、この日を境に同船は、「昨日の味方は、今日の敵」になってしまった。CSFの接収対象になった。

それでなくとも一万数千トンの豪華客船だ、ぜひとも欲しい。

日本側では、伊国降伏のうわさが流れてきたので、支那方面艦隊がまえもって、「コンテベルデ号」無傷捕獲の準備をひそかに進めていた。しかし、イタリアの上海在勤海軍武官は気骨のある男で、拿捕を潔しとせず自沈させる可能性が多分に感じられた。それで司令部では、収容中の外人技術者を使い、盗聴器を張りめぐらして武官の行動を監視していた。すると、同武官があたふたと乗船したという情報が入ったので、すぐさま接収準備の指令がとばされた。が、遅かった。「コンテベルデ号」船長はいちはやく、船底弁を開いていたのだ。せっかくのCSFの事前努力もむなしく、彼女は沈没、転覆してしまった（防研戦史『中国方面海軍作戦〈2〉』）。しかしそのままにしておくわけにもいかず、浮揚させると「ことぶき丸」と改名し、内地へ回航されていった。

そのとき、「レパント」という伊国砲艦も近くにいたのだが、こちらは間一髪、わが陸戦隊の急行が間に合い、開いていた船底弁を閉めて沈没をくい止め、鹵獲することができた。

海南警備府の設置

昭和一四年二月、当時の第五艦隊の兵力をバックに、「Y作戦」を起こして占領した海南島は、中国方面で海軍がもっとも開発に力を入れていた地域である。

海南島は台湾より少し大きいくらいの面積で、三分の一が山地、のこる三分の二ほどが平地だ。占領まえは〝開難島〟と称されたほどに、未開発のまま放置されていたが、豊富な地下資源が埋蔵されているといわれていた。とりわけ海軍がいちばん欲しい石油も埋もれているとの予想であった。

攻略と同時に太田泰治少将の第四根拠地隊を三亜に進出させ、沿岸封鎖基地と飛行場の設営を開始する。かつ、内務省と台湾総督府から科学者が派遣され、地下資源の調査が行なわれた。一四年、つづいて一五年に鉄鉱山が発見され、開発に着手する。

一四年一一月には、〝四根〟は発展的に解隊、海南島根拠地隊に昇格して、司令官は福田良三少将（海兵三八期、のち中将）にかわった。麾下部隊は横須賀鎮守府第四特別陸戦隊と佐世保鎮守府第八特別陸戦隊、それに第一五防備隊、第一六防備隊だった。

昭和一五年九月に北部仏印進駐が行なわれると、海南島のわが南進基地としての重要性はますます高まっていった。石碌山鉄山と田独鉄山の開発は二大開発事業とされた。ここからは、艦船用鋼材に必要な優良鉄鉱が産出するのである。それだけでなく、植物、海産物の資源開発にも手がつけられていった。港湾施設もつくり、未開の島に文明の光をあて、宝の島と化すことをめざしたのだ。

そこで一六年四月、海南島根拠地隊を「海南警備府」に昇格させ、台湾統治の経験を活かして作戦と軍政の両任務を遂行させることになった。警備府といっても、大湊や高雄などに置かれていた従来の〝常設警備府〟ではない。特設艦船部隊令による「所管警備区ノ防御及警備ヲ掌リ又所属各部ヲ監督スル」ところの〝特設警備府〟であった。つまり、戦時や事変、あるいは必要に応じて臨時に設置される機関だったが、組織、運用の大方は常設警備府に準じていた。

初代司令長官には谷本馬太郎中将（海兵三五期）が任命され、同時に海南島所在の各部隊は二遣支長官のもとからぬけ、CSF長官の直轄になった。一五防備隊、一六防備隊はそれぞれ第一五警備隊、第一六警備隊と改まり、陸戦隊には舞鶴鎮守府第一特別陸戦隊が追加され、全島を五区分して警備にあたることになった。また新たに海南通信隊も設置され、海上部隊としては水雷隊一コ隊が配置された。

こうして、これらの部隊によって島の沿岸部陸上、海上の治安は保たれていたが、奥地にはかなり有力な匪賊が勢力をふるい、折を見ては平地に出没し活動していた。一七年秋になると、共産軍の行動も活発になってきた。そのため海南警備府は前後四回にわたり、大がかりな討伐作戦を起こし、一九年の初めまでに一応の安定をみるのである。このころになって、ようやく鉄鉱石の内地輸送第一船が出港可能になった。

第四章　太平洋戦争下の艦隊（2）

敵主作戦は太平洋中央突破！

戦争は日に日に難しくなる一方だった。

タラワ、マキンを失って間もない昭和一八年一二月はじめころ、連合艦隊司令部は米海軍が中部太平洋を進んでくるとして、図上演習を行なってみた。彼らには兵力はたっぷりある。クェゼリン、マロエラップ、ルオット……、日本軍の飛行場がある島を思いのままにねらい、攻略を企てる。なのに、わがGFには使える空母機動部隊はなく、どこへ米軍が来ても、そこに所在する守備兵力だけで〝善戦敢闘〟してもらう以外に、策の施しようがないという情けない結果になってしまった。

ま、以上は図演研究であり、大本営海軍部では当面の情勢を検討し、現状での敵の主作戦正面は南東・ニューギニア、ソロモン方面だと判断していた。中部太平洋方面からの進攻は、〝従〟との推測であった。だが、南東方面は絶対国防圏の外側になっている現在、後方防備が完整するまでは、こちらも持久戦で頑張らせるより仕方がないとの状況判断だった。しかし、同じ軍令部でも第三部（情報部）は、集め得た多くの情報を分析して、〈中央太平洋〉が敵の主攻路と、断定的に判断していた。

三部が入手した情報によると、昭和一八年中にアメリカ海軍は、「エセックス」級をはじめとする空母一五隻、護送用空母五〇隻、「アイオワ」級戦艦二隻、巡洋艦一一隻、駆逐艦一二八隻、護衛用駆逐艦三〇六隻、潜水艦五六隻、商船一八五六隻を建造していた。飛行機の推定生産量は八万六〇〇〇機、いずれも恐るべき数字であった。

こんな膨大な艦隊を、米国が遊ばせておくわけがないと第三部は考えたのだ。とりわけ空母部隊はきわめて強力だ。それを使うとすれば、天象、気象、作戦海面の広さからいって中部太平洋いがいになく、彼らは機動部隊の整備ができしだい、内南洋に攻めてくるであろうと主張したのだった。

三部の推断はズバリあたった。翌一九年一月三〇日、敵有力部隊がマーシャル諸島の攻略を開始したのである。古賀ＧＦ長官は、かねての方策にしたがい「丙作戦第二法用意」（マーシャル方面での邀撃戦法）を下令した。だが、図演での結論どおり、現地にある部隊だけで極力抵抗するほか手段はなかった。

三〇日早朝から空襲は始まり、三一日もつづいた。ルオットに進出していた戦闘機隊は全力をあげて戦ったが、三一日中にほとんど戦力を失う。二月一日には砲撃もくわわり、二日、敵はクェゼリン環礁内に入りこんで上陸を開始した。第六根拠地隊、第六一警備隊は防戦につとめたが、ついに連絡は途絶する。ルオットは二月二日、クェゼリン本島は五日、全員戦死と認めざるを得なくなった。同時に米軍は、日本軍のいないメジュロ環礁も占領し、重要な前進根拠地にしたのである。太平洋中央突破の足がかりをつくらせてしまった。

連合艦隊は出動しなかった。「ろ」号作戦で母艦機を消耗してしまい、出撃できなかったのだ。

トラック空襲、大被害

東カロリン諸島のトラック泊地は、昭和一七年八月、当時のGF長官山本大将が進出していらい、連合艦隊の〝常宿《じょうやど》〟・前進根拠地になっていた。が、戦局が傾き絶対国防圏が設定されると、ここは国防圏の先端になってしまった。広範な海域に展開して戦う必要のあるGFにとって、地理的に飛び出しすぎてしまい、全般作戦上どうも都合が悪い、と軍令部は判断した。そこで、もっと後方の適当な基地に待機位置を変更するよう、たびたび示唆していた。

しかし、鉄砲屋出身でクラシカルな考えの持ち主・古賀長官は、「連合艦隊は第一線部隊なり。海軍の伝統たる指揮官先頭の信念のもと、トラックに在って内南洋正面を唯一の決戦場とし、これを死守せん」と、いっかな動こうとしなかった。ではあったが、幕僚のあいだでは、連合艦隊司令部は陸に上がり、大型飛行機基地を適時移動しながら作戦を実施しようとの、柔軟な発想にもとづく研究も行なわれていた。千歳、東京、グアム、サイパン、ダバオ、シンガポール……に、新たな指揮用通信施設の建設を提言していたのだ。

そうしていたさい、マーシャルを攻撃され、失陥したのだった。そこで軍令部は、こんどは三月中旬ころ内南洋ふかくに米軍主力のホコ先は向き、太平洋正面から海上作戦をしかけてくるであろうと判断した。そして、そのときは全戦力を集中して決戦しようと決意したのである。

敵来攻方面の判断はよかったが、時期は予想より早まった。二月四日、はやくも米軍大型

昭和19年2月17日、空襲をうけるトラック泊地

機が、偵察のためトラック上空に飛来したのだ。ついに古賀長官も、連合艦隊の待機地点を変えることにした。これまでの研究、経験から推して、ここも空襲をこうむる算が大きいと考えざるを得なくなったからだ。

ＧＦ旗艦「武蔵」は、大本営と作戦打ち合わせをするため、軽巡「大淀」と駆逐艦二隻をつれて横須賀に向かい、栗田健男中将の遊撃部隊はパラオに向けて錨を抜いた。ともに出港は二月一〇日だったが、そのすこしまえの二月一日に、戦艦の第二戦隊と重巡の第七戦隊、それに第一〇戦隊は、南雲忠一第一艦隊司令長官の指揮でパラオへ向かっていた。これが、連合艦隊の〝トラックよ、永遠《とわ》にさらば〟となったのである。

「武蔵」が横須賀に入ったのは二月一五日だが、東京で海軍省、軍令部と打ち合わせをしていた一七日、はたして「トラック空襲」の電報が飛びこんできた。予想していたところなので、ＧＦもあらかじめ第四艦隊に注意をあたえてあった。が、それなのに、日本がかつて大成功をおさめた真珠湾攻撃の〝裏返し〟といわれるほどの大被害を生じていた。

ＧＦ主力は、そういうわけでいなかったからよかったものの、艦艇九隻沈没、九隻損傷、輸送船は三一隻もが撃沈されてしまった。これは痛い。もっとも手痛かったのは、飛行機が空中、地上あわせて約二七〇機やられてしまったことだ。指揮系統の複雑など、防戦失敗の理由はいろいろあげられたが、最大のものは四艦隊の油断であったとされている。司令長官はただちに更迭、まもなく予備役に編入された。

「武蔵」は二四日に東京湾を発航し、二九日パラオ着、先行の麾下部隊と合同した。

〝ラバウル航空隊〟消滅

太平洋戦争中、「ラバウル海軍航空隊」という戦時歌謡が大いにはやった時期があった。

〽銀翼つらねて　南の前線
ゆるがぬ護りの　海鷲たちが……

戦争後半にうたわれたのだが、昭和一七年二月の進出いらい、そのラバウル基地で戦っていたいくつもの航空隊に、とうとう総引き揚げの命令が下された。トラックが大空襲をうけ、絶対国防圏の脆《もろ》さが暴露してしまったので、圏外のラバウルに航空兵力を置いておくどころの話ではなくなったのだ。一九年二月二〇日、全機トラックへ移動し、同方面の防備強化をはかることにしたのである。〝ラバウル航空隊〟の歌がつくられたのは一九年一月。だから、内地で国民が景気よくうたいまくっていたときには、当のラバウルには飛行機が一機もいなくなるという皮肉な現象が起きていたのだ。といっても、海上護衛用の若干の水上機隊は残されていたが。

海軍では、トラックは絶対に敵にわたしてはならないと考えていた。いよいよ、決戦のとき近しであった。

その決戦用基地航空部隊として創設された第一航空艦隊は、一八年六月、二コ航空隊で発足したのだが、その後、順調に増勢されて一九年一月末には一三コ部隊となっていた。一二一空（彩雲）、二六三空（零戦）、二六五空（零戦）、二二一空（零戦）、三四一空（紫電）、三四三空（紫電、零戦）、三四五空（紫電）、三二一空（月光）、五二一空（銀河）、五二三空（彗星）、一〇二一空（零式輸送）の各隊がくわわったのだ。

部隊数は増えたが、搭乗員、機材の充足にはなかなかの困難がともなった。錬成期間の予定は一年、そんな隘路を切りひらきながら、訓練は急がれた。たとえば、陸攻の七六一空・龍部隊ではこんなふうにだ。

とにかく、練習航空隊を出たばかりの若い搭乗員を急速養成で、数ヵ月のうちに夜間雷撃ができるようにしなければならない。

ふつう、着陸訓練は一回の飛行に五、六回実施し、いったん休憩したあと、また前回同様の訓練をするのが効果的とされていた。ところが龍部隊では、朝、飛び出すときに教官も教わる隊員も弁当を持って空中にあがる。中攻だから燃料はたっぷりある。午前いっぱいタッチ・アンド・ゴーをくり返すと、交互に弁当をつかい、午後も遅くまで練習にはげんだ。へとへとになるまでやった。中攻なればこそ可能な訓練方法だったが、こうして数ヵ月後の一〇月には、まがりなりにも新前搭乗員が夜間雷撃を実施できるまでに生長した。

しかし、その裏側では多くの犠牲も生じていた。彼らの技量をはるかにこえる訓練を強行したのが原因のようだ。あるとき、木更津から鹿屋へ、暗夜の編隊移動訓練を実施した。四国付近に低気圧があって付近一帯が雨になっており、古い搭乗員でも中止した方がよいような状況だったという。だが、それを無理押しして、一夜に相当数の搭乗員と飛行機を失ってしまった（巌谷二三男『中攻』）。

しかし、ともかく航空隊数が増えたので、一航艦では艦隊内を二分することにし、とりあえず二六五空、二二一空、三四五空で第六二航空戦隊を、のこり一〇コ航空隊で第六一航空戦隊を編成することになった。六一航戦は角田司令長官の直率、六二航戦は飛行機生えぬきの杉本丑衛大佐（海兵四四期）が司令官に任命された。一九年二月一日の編成であった。

名門「一F」解隊

新鋭航空艦隊としての外形は一応ととのったが、六一航戦の戦力充実は一九年の五月中旬から六月、六二航戦は九月が目標とされていた。だが、戦争はそれまでの時をかしてくれなかった。

米軍がマーシャルに進攻してきたとき、迎撃する中部太平洋方面の基地航空兵力は貧弱であり、連合艦隊の主力にも反撃する力はまだなかった。万やむをえず、大本営は戦備・戦力が完整していないのに一AFの一部を、戦線に出すことにした。「第一航空艦隊ハソノ主力ヲ以テ二月中旬以降逐次内南洋比島方面ニ進出待機シ、併セテ同方面ニ於ケル連合艦隊ノ作戦ニ協力スベシ」

発令は二月一日、したがって戦線に出すといっても本番ではなく、ヘルプの形であった。さっき書いた艦隊内の二コ航空戦隊区分は、こういう目的があったからでもあり、より未熟な六二航戦は内地に残ることになった。六一航戦は練度の高い三コ航空隊が中部太平洋に、ほかはフィリピンに進出させる予定だった。すなわち、前線の後方でお手伝いをさせるつもりだったのだ。しかし、二月六日には、クェゼリンは全員戦死と認められ、絶対国防圏を構成するマリアナや中部カロリンも、これは危ないと判断されるほど、切迫した事態になった。

大本営直率部隊のまま出したのだが、二月一五日、ついに第一航空艦隊を連合艦隊へ編入することにきめた。正式に古賀司令長官の配下になったわけであり、GF司令部はさっそく、六一航戦の全力マリアナ進出を命じたのであった。

ところで、一航艦を連合艦隊の左腕とするならば、空母部隊・第三艦隊は右腕だ。その三艦隊は一七年七月の新編いらい、一航戦と二航戦を中核としてきたが、二年半たった一九年二月一日、ようやく三コ航空戦隊に増やすことができるようになった。それは、一八年末から一九年はじめにかけて、「千代田」「千歳」両空母の改造が完成したからである。基準排水量一万一一九〇トン、搭載機常用三〇機ほどの小さいフネではあったが、速力は二九ノットが出せ、決戦時にはかなり有力な戦力となりうる母艦であった。やはり小型改造空母の「瑞鳳」と組み、三隻で「第三航空戦隊」を編成することになった。

さて、戦争も開戦して二年がたち、局面は中盤戦から終盤戦にうつろうとしていた。

艦隊の在り方にもいくたの変革が要求され、一航艦や三航戦の新編もそんなうつり変わりの一環といえた。そして、水上艦隊にも大改革が始まった。手始めに実施されたのが、第一艦隊の廃止である。これは驚きであった。

明治三六年一二月、日露戦争の開戦にさいして開隊されて以後、四一年間、一Fは一度たりと編成されなかったことはない。終始、戦艦を部隊の中心に据え、大艦巨砲主義日本海軍の象徴として、四方の海をヘイゲイしてきた。その伝統ある第一艦隊が、一九年二月二五日限りで消滅することになったのである。

理由はここに記すまでもない。戦闘様式の変化から、戦艦は主力艦の座を航空母艦に譲らざるを得なくなり、主兵器は巨砲から飛行機に変わっていたからだ。

すでに、一Fは、第二戦隊を直率するだけの艦隊に落ちていた。そこで、第二戦隊を解隊し、所属していた「長門」を第一戦隊に移し、あとの「伊勢」「日向」「扶桑」「山城」は連合艦隊付属に格下げしたのだ。「長門」が編入された第一戦隊（「武蔵」「大和」）は、第二艦隊へ入った。世の中の変転のためとはいえ、あまりにも淋しい第一艦隊の末路であった。

「第一機動艦隊」誕生

マーシャル諸島を陥とされ、トラックが大空襲されて、戦線はどこもかしこも、ますます容易ならぬ事態になってきた。そんな情勢下、内地にいる一般国民は当時、どんなふうに戦況を知らされ、指導されていたのだろうか？

昭和一九年二月二二日の、すなわちトラック空襲があった直後に発行された読売新聞の社説には、こう記されている。「……いかなる犠牲を払ふとも太平洋の中央突破は敵の基本的戦略であり、いはんやニミッツ艦隊はその整備増強せる艦隊をもって、単にトラック島とのみいはず、出撃自在の戦勢を誇り、南のハルゼー艦隊と策応してその作戦行動には全く端倪《たんげい》を許さざるものがある。いまや戦局太平洋の全面に拡大し、しかもいよいよ急速調を帯びつつある……。祖国は真に隆替興亡の関頭に立っているのである」と。

第653航空隊の零戦五二型の列線

敵海軍の主力は、きっと太平洋正面から来攻すると国民は教えられていたのだ。であれば、それを迎え撃つわが連合艦隊も、急速に整備を急がなければならなかった。〝目には目を、歯には歯〟だ。かねてから、米機動部隊と対決するため、飛行機機材の充実と搭乗員の補充、錬成による第三艦隊の急速再建が企てられていたが、小沢三F長官はそれだけの措置ではなお不十分と考えた。

ミッドウェー作戦までの、(旧)第一航空艦隊は、その後、組織をあらため充実して第三艦隊に変容していたが、これについてはもう以前に書いたところだ。そして、重巡・水雷部隊の第二艦隊と三Fを軍隊区分で組み合わせ、第二次ソロモン海戦や南太平洋海戦を戦ってきた。一応の成果はおさめたものの、小沢サンはこの方式にまだあきたりなかった。

空母部隊の建制化だけでなく、ともに作戦行動をとる一般水上部隊の配備、用法や組織も一新する要があると考えたのだ。

戦闘で、まず母艦部隊が勝利をおさめたならば、すかさず水上艦隊は突進、この戦果を拡充して決定的なものにしよう。それには、第三艦隊の二隻の（巡洋）戦艦だけでは不十分である。二Fへ、四六センチ砲、四〇センチ砲の大戦艦を編入し、高速・軽快なこの部隊を砲撃力、雷撃力ともに強大な艦隊に変貌させておく。こんな第二艦隊を左腕に、第三艦隊を右腕として、左右バランスのとれた両腕で敵艦隊と徹底的に締めあげよう。

そのためには、よろしく両艦隊を連合し、建制の〔機動艦隊〕を編成すべきだ。そのほうが、統率上も戦務上も効率的で円滑に行く。海戦のさいは機動艦隊司令長官が全作戦を統制すると同時に、三F長官を兼務して航空作戦を指揮する。戦闘が水上決戦にうつったならば、二F長官がその指揮をとる。したがって、二F長官には機動艦隊次席指揮官をあてるのが最適、と小沢長官は考えたのだった。意見具申はとりあげられ、一九年三月一日付で「第一機動艦隊」（一KdF）が編成された。どんな編制内容であったかは、12表を見ていただきたい。

〝空母が主力艦、かつ空母・戦艦の協同威力発揮可能〟な近代的艦隊ができあがった。そんな近代艦隊にふさわしく、空母と搭載飛行機隊の関係も改められた。従来の飛行機隊は、各母艦それぞれに固有の飛行機であり、搭乗員だった。だから、艦が港へ入り陸上の航空隊へ行って訓練するときも、たとえば、「赤城」乗組の搭乗員が搭載機ごと基地へ派遣され、訓練していた。

　ところが、こんどは空母に乗って戦闘する搭乗員や整備員を主体にした航空隊を、あらかじめ陸上につくっておき常時はそこで訓練している。そして、海戦があるときやその他必要に応じて彼らは母艦へ臨時に乗り組み、出動していく方式に変えたのだ。これで、飛行機隊の組織上の動きがだいぶ軽くなった。こういう母艦航空隊には六〇〇番台の番号がつけられたが、12表の各航空戦隊に付属されている航空隊がそれだ。

12表　S. 19. 4. 1 現在の連合艦隊

区分				艦船部隊
連合艦隊				大淀
	第1航空艦隊		第61航空戦隊	121空　261空　263空　321空　341空　343空　521空　523空　761空　1021空
			第62航空戦隊	141空　221空　265空　322空　345空　361空　522空　524空　541空　762空
	第1機動艦隊	第2艦隊	第4戦隊	愛宕　高雄　摩耶　鳥海
			第1戦隊	長門　大和　武蔵
			第3戦隊	金剛　榛名
			第5戦隊	妙高　羽黒
			第7戦隊	熊野　鈴谷　利根　筑摩
			第2水雷戦隊	能代　第27、31、32駆逐隊　島風
		第3艦隊	第1航空戦隊	大鳳　瑞鶴　翔鶴
			第2航空戦隊	隼鷹　飛鷹　龍鳳　652空
			第3航空戦隊	千歳　千代田　瑞鳳　653空
			第10戦隊	矢矧　第4、10、17、61駆逐隊
			付属	最上　601空
	第6艦隊			第2、7、12、15潜水隊　第22、34潜水隊　伊10、伊11潜
			第7潜水戦隊	第51潜水隊
			第8潜水戦隊	伊8、26、27、29、37潜　伊52、165、166、呂501潜
			第11潜水戦隊	長鯨　伊44、46、53、54、183潜　呂45、46、47、116、117潜

：連合艦隊には上記のほか、北東方面艦隊（第5艦隊、第12航空艦隊）、中部太平洋方面艦隊（第4艦隊、第14航空艦隊）、南東方面艦隊（第8艦隊、第11航空艦隊）、南西方面艦隊（第1、第2、第3、第4南遣艦隊、第9艦隊、第13航空艦隊）がふくまれていた。

新編・第一機動艦隊司令長官は、いうまでもなく小沢治三郎中将であり、第三艦隊司令長官を兼務した。

防戦の矢面に立つ「TYF」

　さて、米艦隊が中部太平洋に攻め

寄せてくるとき、正面きって渡りあい決戦するのは、いま記した第一機動艦隊と陸上基地の第一航空艦隊、それに潜水艦の第六艦隊だ。だが、各島々に張りついて内南洋の防御戦を戦うのは、戦前より第四艦隊があたることになっていた。だから四Fの編制は機動性に乏しく、また弱小であった。一九年一月一日現在では、軽巡「長良」を旗艦に、「那珂」「五十鈴」の第一四戦隊、第七五五空ほか三コ航空隊から成る第二二航空戦隊が、やや攻撃的性格を備える部隊になっていたが、あとは沿岸警備・海上護衛や陸上戦闘用の第三、第五特別根拠地隊と第四、第六根拠地隊だけだった。

守るといっても、これだけの部隊では、マーシャル方面とトラック方面の防備だけで、はや手一杯だ。しかも二月初旬にマーシャルが占領され、情勢は緊迫して後方のマリアナや西カロリンの防備強化がぜひ必要になってきていた。そこで、トラック島より北側に強力な方面艦隊司令部を設け、中央太平洋方面全般の防衛作戦の指揮をとらせたほうがよい、ということになった。むろん、四艦隊もその指揮下に入る。

二月はじめから、編制案の研究が軍令部で開始されたのだが、連合艦隊ではむしろ反対だったようだ。現在の情勢では基地航空部隊の作戦が主体になり、その場合はGF長官がサイパンに進出して号令をかけるので、そんな必要なし、というのであった。当時の古賀司令長官は、こうして邀撃戦の陣頭指揮をとるつもりだった。

しかし、結局、軍令部の考えどおり「中部太平洋方面艦隊」（TYF）が新設されることになった。陸軍でも、この方面の防備強化のため満州から第二九師団を移し、これを基幹に第三一軍をつくることにした。陸海の協定で、三一軍は海軍の指揮をうけることに取りきめられたので、海軍としても四艦隊よりさらに強力な方面艦隊司令部が必要となり、これもTYF新設の一理由になったようだ。

三一軍司令官は小畑英良《ひでよし》陸軍中将（陸士二三期、海兵三八期に相当）。したがって、中部太平洋方面艦隊司令長官には小畑中将より先任者であることが条件になった。ちょうど第一艦隊が解隊となったため、体のあいた南雲忠一中将（海兵三六期）が転補された。艦隊創設は三月四日で、司令部はサイパンに置かれた。艦隊のなかみは、第四艦隊と新設の第一四航空艦隊である。一四AFは、一一AFから二六航戦を抜き出し、四Fから二二航戦をはずして組み合わせるという操作で編成したのだ。貧乏世帯はつらい。司令長官には、南雲中将の兼務が発令された。

こうして、艦隊組織にかかわる戦備が促進される一方、航空隊の内部でも大改革が進められていた。さきほど、空母とその飛行機隊の関係がかわったと書いたが、同様なことが陸上航空隊でも開始されたのだ。

いままでの航空隊の隊内組織は軍艦式で、メーンとなる飛行分隊、整備分隊はもちろん、サポートグループの通信、医務、主計分隊などすべて、航空隊の枠のなかにガッチリはめこまれていた。しかし、航空隊全分隊のなかで、戦闘でもっとも損耗のはげしいのは、ふつうなら飛行分隊だ。だが、このような構成だと、被害甚大で新手の部隊と交代させようにも、傷んでいない整備科や通信科、医務科まで航空隊ぜんぶをかえなければならない。元来、身がるであるべき飛行機部隊が、身おもとなり、なんとも非能率的である。

そこで案出されたのが「特設飛行隊」という制度だった。これは軍艦や航空隊などと同じく独立部隊で、隊内をいくつかの飛行分隊に分けてある。この特設飛行隊を数隊、必要に応じて航空隊の「飛行科」に差しこみ、航空隊司令の指揮下に作戦させようという方式だ。整備分隊とか他科の分隊は従来とかわらず、航空隊の固有編制に入れておく。こうしておけば、飛行機と搭乗員の消耗がいちじるしくなったら、特設飛行隊だけを他の特設飛行隊と入れ換えればよい。特設飛行隊は制度上、航空隊とは別部隊なので、こういう操作はやりやすいのである。

発動機や機体などの日常の点検、整備は飛行隊にいる整備員が行なうが、修理とかオーバーホールとか大きな作業は、航空隊所属の整備員、工作兵が行なうことになった。こういうシステムはさらにエスカレートし、一九年の夏、〝空地分離〟制度に発展して近代的航空作戦を展開することになるのだが、特設飛行隊の発足はそのはしりといえた。

機種別に編成され、部隊名は「偵察第〇〇〇飛行隊」「戦闘第〇〇〇飛行隊」などと呼称された。例をあげれば、一四航艦には第七五五海軍航空隊が所属していたが、七五五空には「攻撃第七〇二飛行隊」(K七〇二)と「攻撃第七〇六飛行隊」(K七〇六)が編入された。両飛行隊とも陸上攻撃機・常用三六機、補用一二機を定数とする部隊である。三月四日から、漸次、陸上航空隊の改編は進められていった。

GF長官の悲報ふたたび

こうして、各種各方面の戦備増強に大わらわになっている最中、連合艦隊を、いや全海軍をゆるがす大事件がもちあがった。一年たらずまえに山本五十六司令長官が戦死したばかりだというのに、またまた古賀峯一GF長官が殉職してしまったのだ。

一九年三月三〇日、パラオに敵機動部隊の空襲がかけられたとき、在泊していた連合艦隊では、旗艦「武蔵」と遊撃部隊を北方海面に退避させ、司令部は陸上にあがっていた。これは、前まえより研究していたGF陸上司令部の実験を兼ねて、パラオへ上がったものであった。ところが、空襲で通信の管制線が破壊されたため、司令部はさらにダバオへ移転することになった。

「大淀」艦上に立つ豊田副武長官

事件はこの移動中に起きたのだった。三一日夜、二機の飛行艇に分乗して出発したが、古賀長官の搭乗する一番機が消息を絶ってしまったのである。すぐさま、軍令承行令にしたがって、次席指揮官の高須四郎南西方面艦隊司令長官がGFの指揮をとりはじめた。そのかたわら、東京では海軍次官官舎を根城に新陣容の連合艦隊司令部再建を開始する。そして、つぎなる大作戦・「あ」号作戦の計画も練りはじめた。

このころ軍令部では、新しいGF司令部をつくるため、いくつかの編制法を考えていた。また軍務局でも、同様な研究をしていた。いろいろの案が出たようだ。軍令部総長が連合艦隊長官を兼ね、司令部を東京に置く案、あるいは連合艦隊そのものを解消し、方面艦隊を大本営直率とする案、さらには海軍長官を新設して連合艦隊、支那方面艦隊、海上護衛総司令部部隊、各鎮守府・警備府部隊を総括させる案などなど。

しかし、慌ただしい戦局下に連合艦隊存在の根底をイジルような改定は好ましくないと考えられた。それよりも、GFが極力作戦に専心できるような制度をつくり、人事配員をし、司令部職員にかかるロードを軽くしてやったほうがよい、との結論に落ち着いたようだ。四月三日、連合艦隊編制は現状のままときまり、新GF司令長官、同参謀長の人選が開始された。長官には、はじめ及川古志郎大将の名もあがったが、結局、豊田副武大将（海兵三三期）に内定した。古賀前長官より兵学校が一期先輩なのだが、ときたまこういう逆順序の人事もある。参謀長には、真珠湾空襲時の一航艦サチで、南東方面艦隊参謀長の職にあった草鹿龍之介少将（海兵四一期）がラバウルから呼びもどされた。

というわけで、GFの編制に変動はなく、さきほどの表のような内容で豊田艦隊は出発した。だが一つ、以前とかわったことがあった。それは、豊田司令部がいままでのように第一戦隊内の一艦「武蔵」を旗艦とし、一Sを直率しつつ全艦隊に号令をかける方式をやめたことである。もう、そういう時代ではなくなっていた。陸上から、管下の全戦場に無電をとばして総合指揮するほうがベターと考えられるようになっていた。決戦にあたって、長官がみずから乗り出そうとする場合にも、母艦機動部隊のなかのGF旗艦から指令を発信したのでは、すすんで敵を招きよせるようなことになる。

しかし、陸上司令部の施設はまだ工事が進捗しておらず、サイパンでさえも完成していなかった。やむを得ず、いままでどおり艦上に置くこととしたが、機動部隊とは別行動する〝独立旗艦〟にすることが必要である。といって、「武蔵」をその役に使えば、せっかくの大攻撃力をそぐことになってしまう。そこで選ばれたのが、軽巡「大淀」だった。こういうこともあろうかと、三月一日の戦時編制改定のとき、すでに連合艦隊旗艦は「大淀」ときめてあったのだ。

豊田大将のGF司令長官が正式に決定し、五月三日、東京湾に在泊する「大淀」に将旗が揚がって、「あ」号作戦へ向けてのゴーがかかった。

「あ」号作戦、惨敗

日本海軍が全力をあげて戦った「あ号作戦決戦発動」が下令されたのは、米軍がサイパン島西岸に上陸を開始した昭和一九年六月一五日だった。角田中将の一航艦を基幹とする第五基地航空部隊は、その前のビアク作戦での転進や、六月一一日以後の連日空襲で兵力の大部分を失い、決戦開始の一八日ごろには組織的な攻撃がもうできなくなっていた。

一方、小沢中将の第一機動艦隊が敵の所在を偵知して決戦に入ったのは、一九日であった。

味方の在りかを知られないうちに攻撃隊が発進し、これで奇襲成功、作戦成るとだれもが思った。が、結果は読者諸賢のご存知のとおりとなってしまった。輿望をになって勇躍出陣した一ＡＦも一ＫｄＦも、戦果をあげられず惨敗であった。

『皇国ノ興廃コノ一戦ニ在リ……』の電令を四方に飛ばして臨んだ一大決戦だったが、思いもよらぬ大敗に、全海軍みなガックリとなった。しかし、うなだれてばかりはいられない。戦い抜くためには、至急、艦隊の再建をはからなければならなかった。

水上部隊には六万トン戦艦の「大和」「武蔵」以下、戦艦、重巡群はいぜん健在を誇っている。だが近代艦隊の主力艦、空母は、できたばかりの装甲艦「大鳳」ほか「翔鶴」「飛鷹」を沈められ、正規大型母艦は「瑞鶴」一隻だけになっていた。ミッドウェー海戦でヒビの入った背骨は、これで完全に折れてしまった。とうぶん、積極作戦はむりな状態となった。だとすれば、頼りにするのは陸上基地航空部隊だけだ。が、こちらも一航艦は、「あ」号作戦で大打撃をうけ、比島や西カロリンに残っている飛行機を合わせても、残存数は一〇〇余機にすぎなかった。ただ、基地部隊機は母艦部隊機とちがって、発着艦とか洋上航法の訓練に若干の手間がはぶけ、錬成が早くできるメリットがある。

一九日、二〇日の決戦でわが方は総くずれとなったため、豊田ＧＦ長官はマリアナの各島で戦っている角田部隊を可能なかぎり、南部、中部のフィリピンに引き揚げる措置を講じた。基地航空兵力再建の中核にしようとしたのだ。

いっぽう、マリアナ沖海戦がこれから始まろうとする直前の六月一五日、新しく「第二航空艦隊」が編成されていた。五月の戦時編制改定で、六二航戦は一航艦からのぞかれ、ＧＦ付属として関東地方で訓練整備中だったが、これを解隊し所属各航空隊を母体にして〝二航艦〟を編成したのだ。

「司令長官には福留繁中将が親補され、艦隊内には航空戦隊を置かず、それぞれの航空隊を長官が直率する新方式を採用した。偵察の第一四一航空隊ほか戦闘機航空隊、攻撃機航空隊をふくむ一〇コ航空隊から成る、大航空艦隊になった。そして、すぐ連合艦隊には編入せず、大本営直轄として専心訓練に従事する策がとられた。ＧＦに入れると、すぐ作戦に使われてしまうからだ。海軍部では、二航艦をだいぶ虎の子として温存するつもりだったらしい。基地航空兵力のほとんどない、九州南部から台湾にかけて配置した。

それからもう一つ、七月一〇日に「第三航空艦隊」が編成されている。そのころ、小笠原諸島方面の作戦は第二七航空戦隊と横須賀航空隊の一部が担当していたが、これらの部隊を統合運用するため〝三航艦〟としたのだ。司令長官には横空の司令官だった吉良俊一中将（海兵四〇期）が就任し、将旗を横須賀航空隊内に設けた司令部にかかげた。

これで、つぎの作戦にそなえるため、三コ（陸上）航空艦隊がそろったわけである。ただ、残念ながら角田一ＡＦ長官はついにテニアンから脱出することができなかった。守備隊とともに戦死したので、八月七日、後任に寺岡謹平中将が発令され、ダバオで艦隊再建に取り組みはじめた。

予定としては、八月中旬までに、

一航艦＝約三五〇機　比島
二航艦＝約五〇〇機　九州・台湾
三航艦＝約三三〇機　本土東部
合計一二〇〇機弱がそろうはずであった。二航艦だけがいやに強力に見える。が、配備地域が全布陣の中央なので、こうしておけばいざというとき、敵がどの方面へ来攻してもすぐ応援にかけつけられる、という配慮からであった。

「第三艦隊」の再建遅々

では、空母部隊の再建はどうだったのであろう。すっかりあきらめてしまったみたいだが、けっしてそうではなかった。こんどの一、二、三航艦は、空地分離制の採用で機動力が増大しているとはいっても、ベースが動かないことに変わりはない。海上を自由に走りまわって海洋航空の威力を存分に発揮し、積極的に敵を攻めるには空母機動部隊しかないのだ。ただ、空母艦隊の再建には艦の建造も搭乗員の錬成も相当の年月がかかるので、今後は陸上航空部隊を主体とした戦闘に、海上部隊を連動させる作戦をたてようとしたまでである。

マリアナ沖海戦が終わった直後のわが空母陣は、「瑞鶴」「隼鷹」「龍鳳」「瑞鳳」「千歳」「千代田」のほか、旧式戦艦を改造した航空戦艦（？）ともいうべき「伊勢」「日向」が残っていた。中型正規空母の「雲龍」「天城」は完成直前で、二隻とも、八月初旬につづいて竣工する。もう一隻、大和型戦艦を建造途中から空母に変更した期待の巨大・重装甲艦「信濃」は、目下超特急で工事中、できあがるのはまだ少し先の一一月に入ってからだ。

以上が、当面の空母陣全容であった。そして、「信濃」をのぞいた空母、航空戦艦に搭載する飛行機は、一航戦二〇〇機、三航戦一二〇機、四航戦五〇機、あわせて約四〇〇機を計算していた。

空母と搭載機の整備順位は、そういうわけで陸《おか》の一航艦、二航艦などについで第三位におかれていたが、一九年七月一〇日、部隊編制だけが先につくられ、新しい第三艦隊が発令された。

第一航空戦隊＝瑞鶴、龍鳳、雲龍、天城
　第六〇一航空隊
第三航空戦隊＝千歳、千代田、瑞鳳
　第六五三航空隊
第四航空戦隊＝伊勢、日向、隼鷹
　第六三四航空隊
第一〇戦隊＝　矢矧
　第四、第一七、第四一、第六一駆逐隊

三航戦の母艦は沈没しなかったのでそのままとし、二航戦は解隊されて残った飛行機隊は一航戦と四航戦へ移ったのだ。一航戦は従来どおり小沢三F長官が直率し、三航戦司令官大林末雄少将、四航戦司令官松田千秋少将は動かなかった。

これで、艦隊の外側だけは、まがりなりにもカッコウがついた。フネにはレーダーやロケット砲を装備し、機銃を増備して対空防御にも力を入れてある。

しかし、問題は航空隊のナカミ、搭乗員の技量である。一、三航戦の飛行機隊は、マリアナ沖海戦の生き残り搭乗員に若年者をくわえ、急速養成しなければならなかった。そこで、三航戦に搭載する六五三空の再建をまず優先することにした。マリアナ沖での被害がいちばん少なかったからだ。だが、どんなに急いでも、半数は九月末ごろ母艦の発着艦が可能になろうが、作戦可能になるのは三航戦が一〇月、一航戦はさらにおくれて暮れになってしまうだろうと見込まれた。

四航戦はもっと難題をかかえていた。なにぶんにも、戦艦の後半部を改造して飛行甲板を取りつけたため、着艦はできない中途ハンパなフネだった。はじめは彗星艦爆二二機を搭載し、カタパルトで発艦させるだけに使う予定だったが、のちに半数を瑞雲水上爆撃機に換えることになった。ところが、瑞雲水爆は空中分解を起こすし、彗星の成績もかんばしくない。作戦可能の時機は見通しがたたない始末であった。

こんな状況なので、また空母部隊を再改編、またまた再々改編して、一〇月一日の第三艦隊・空母群はつぎのような編制になっていた。

第一航空戦隊＝天城、雲龍
第三航空戦隊＝瑞鶴、瑞鳳、千歳、千代田
第四航空戦隊＝伊勢、日向、隼鷹、龍鳳

今回の改編では各航空戦隊司令官にも異動があり、小沢中将は一航戦を直率することをやめ、三航戦を指揮することに改められた。したがって、一航戦には新たに司令官が必要となったので、それまで小沢サンの下で参謀長をつとめていた古村啓蔵少将（海兵四五期）が座ることになった。

以上のようなわけで、大本営海軍部の源田実参謀の観測では、わが機動部隊空母が全力で戦えるようになるのは、予想よりもっと遅れ、翌二〇年春になってしまうであろうとのことであった（防研戦史『大本営海軍部・連合艦隊〈6〉』）。

ＧＦ司令部、陸にあがる

マリアナの失陥は、日本の玄関口が蹴やぶられたことを意味していた。それまでの海軍実戦部隊は、連合艦隊、支那方面艦隊の〈外戦部隊〉と、各鎮守府部隊、各警備府部隊の〈内戦部隊〉に分かれていた。しかし、火が目の前まで迫ってきた今、もうそんな区別は意味がなくなった。そこで七月一〇日、そういう区別は廃止することになった。八月九日にはさらに進んで、特定の作戦事項については連合艦隊司令長官が海上護衛総司令部部隊、各鎮・警部隊も指揮できるよう変化していくのである。翌年の海軍総隊司令部設置の前駆といえた。

在サイパンの南雲忠一中将から最後電が入ったのは七月七日だったが、事ここにいたり、中部太平洋方面艦隊と第一四航空艦隊は戦時編制より解かれることになった。また、ニューギニア北岸の作戦にしたがっていた第九艦隊は、ホーランジアに敵が来攻し、遠藤喜一長官以下司令部が全滅してしまい、これも七月一〇日に解隊になった。わが艦隊の状況は、あたかも山の上で足をすべらし、ゴロゴロと止め度なく転げ落ちるような有様になってきた。

ところで、「あ」号作戦では、豊田連合艦隊司令長官はさきほど書いたように、新たに独立旗艦にした軽巡「大淀」の艦上から全軍の指揮をとった。それも、旗艦先頭で前線に出たのではなく、瀬戸内海は柱島泊地に錨を入れ、電報でリモート・コントロールしたのだ。

近代的な広範囲・立体海戦では、〝後方からの適時、適切な全般指揮が必要〟といっても、木更津沖では、予想作戦海面からの無線の通達状態があまりよくなかった。そこで、かつて山本GF長官が開戦当初に指揮をとった、柱島秘密泊地へ行くことにしたのだった。ここには、完全な電話中継設備をもった浮標《ブイ》があり、軍令部や海軍省との連絡も即座にとれるし、無線の受信も良好だったからだ。

だが、近いうちに予想される戦場では、陸上基地航空部隊がGFの主力となる。また、指揮下に入る部隊もいま書いたように多岐にわたり、陸軍航空部隊の一部まで組みこむ状況だ。したがって、もっともメインとなる作戦のことだけを考えると、基地航空部隊の中枢基地に連合艦隊司令部を置いて号令をかけるのが有利であり、〈指揮官陣頭指揮〉のモットーにもかなう。けれど、敵の出方によっては、どこが戦場になるかわからない。となると、陸上からの総指揮が欠かせない条件であれば、従来以上に中央と密接に連絡をとりながら作戦する必要があった。そこで候補地にあがったのが、(1)大倉山の精神文化研究所（東横線）、(2)玉川学園（小田急線）、(3)横浜航空隊、(4)日吉であった（防研戦史『大本営海軍部・連合艦隊

〈6〉』)。

しかし、横浜航空隊の隊内では浜空そのものの戦闘にとらわれやすいし、ほかの場所も狭かったり通信上に問題があったりで、最終的にえらばれたのが日吉にある慶応大学の施設だった。丘があり、軟岩地質のため地下壕を掘るのが容易であった。作業ははかどり通信設備から作戦室、居住区まで次つぎに地下につくった。受信はここで行ない、送信は東京通信隊の送信機を直接使えるよう管制線（リモコン線）を設けたが、ふつうは有線電信で東京通信隊に送りこみ、そこから無線で送信する方式をとった。

フネに同居しているときなら艦の設備を利用できたし、人も艦乗員の援助を仰ぐことができた。しかし、陸上に移るとなると、ゆうに一コ部隊を編成できるほどの人員が必要となった。司令長官以下幕僚が約三〇人、司令部付士官、特務士官、准士官が約五〇人。ほかに、電信員、庶務から烹炊員、看護兵、警戒隊までおよそ五〇〇人にのぼった。逆に、連合艦隊旗艦に司令部付として乗っていた軍楽隊は海兵団へもどされることになった。とても、音楽など聴いていられる余裕はなくなったのだ。

こうして、豊田司令長官が「大淀」から日吉の陸上司令部へ将旗を移したのは、昭和一九年九月二九日であった。連合艦隊第一戦闘司令所と命名された。第一としたのは、台湾の高雄に第二戦闘司令所を設け、作戦上必要があれば、こちらを使用することにしたからだ。

明治いらい、連合艦隊司令長官は第一艦隊旗艦上に司令部を置き、指揮官先頭を標榜してきた。なのに、独立旗艦制を採用して戦場から離れた。それは〝大事件〟であったが、こんどはさらに陸上にあがり、穴ぐらのなかから全艦隊の指揮をとろうというのだ。海軍創設このかたの〝重大事件〟になったのも当然であった。

「捷一号作戦」発動

さきほど、すでにヒビの入っていた日本海軍の背骨は、「あ」号作戦の大敗で完全に折れてしまったと書いた。が、そんな重傷の体が癒えもやらぬ四ヵ月後の昭和一九年一〇月下旬、戦わなければならなかったのが、〝比島沖海戦〟を焦点とした「捷一号作戦」である。

この海戦の直前、一〇月中旬に米機動部隊が台湾に来襲し、味方は基地部隊機だけでなく再建途中の空母航空兵力まで注ぎこんで、激しく敵をむかえ撃った。いわゆる〝台湾沖航空戦〟だ。彼らに甚大な損害をあたえた、と当時は信じた。だが、わが方の被害も大きかった。したがって、比島沖海戦での味方艦隊は、とりわけ肝心な航空部隊において、またも脆弱な戦力で戦わなければならなかった。

もう、「あ」号作戦のときのような、まともな迎撃作戦計画は成り立たない。決戦主力は一AF、二AFの基地航空部隊である。攻めてきた敵機動部隊を、比島東方海面で福留中将、大西中将（一航艦長官は、一九年一〇月、寺岡中将から大西瀧治郎中将にかわった）の陸上航空兵力が攻撃する一方、小沢機動部隊は極力これを北方海域に誘いあげる。台湾沖航空戦に搭載機を使われてしまった小沢部隊には有効な打撃力がないので、体を張り全滅を賭して〝囮《おとり》〟となる非常手段に訴えたのだ。その間に、水上艦隊が敵大部隊の上陸地点に突入し、船団から護衛艦隊まで根こそぎ壊滅しようとの作戦である。この海戦の場合、艦隊突入点はマッカーサー将軍が押し寄せてきたレイテ湾だ。

一〇月二五日、小沢機動部隊は敵主力空母部隊の北方誘致にみごとに成功する。なのに、栗田健男中将が指揮する第二艦隊主軸の第一遊撃部隊は、進撃する途中、敵の空海からする猛攻に深傷を負い、最終的には、判断を誤ってレイテ湾口を目前にしながら突入を止め、引き返してしまった。

レイテ湾をめざす栗田中将指揮の第2艦隊

非常手段に訴えていたのは、小沢部隊だけではない。決戦時、フィリピンに集中できた基地部隊機は実動三〇〇機に満たなかった。錬度も危ぶまれる。そこで、大西中将の一航艦から「神風特攻隊」が初出撃し、体当たりで敵撃滅をはかろうとしたのだ。それは成功したが、全体から見ると戦果が小さく、また、福留中将の二航艦も出撃する飛行機隊は敵を発見できず、つぎつぎと引き返す始末だった。

しかも、栗田部隊の反転である。日吉の陸上司令部で全般状況を見ていた豊田連合艦隊長官は、ついに一〇月二五日の午後四時四七分、「第一遊撃部隊は今夜、好機あらば残敵を捕捉撃滅、夜戦の見込みなければ機動部隊本隊、第一遊撃部隊は補給地へ向かえ」という電報命令を発して、作戦に一応の締めくくりをつけたのであった。

では、なぜ栗田艦隊はレイテ湾に突入しなかったのか? これについては、多くの研究家が種々の推測をくわえている。いろいろ理由は考えられるが、一つの大きな要因は、第二艦隊司令部に本海戦の意義と目的が〝真に〟理解されていなかったことにあるのではなかろうか。あるいは、理解しようとしなかったといってよいかも知れない。長年、〝洋上艦隊決戦〟のみを至上命題として「月月火水……」の訓練に取り組んできた彼らには、上陸船団泊地に飛びこんで、輸送船や護衛艦艇と撃ちあい果てるなど、考えられない戦闘場面だったのであろう。

第三艦隊ついに解隊

比島沖海戦で、わが機動部隊は全滅してしまった。第三艦隊のかなめ、三航戦の母艦四隻がぜんぶ沈められ、同時に搭載飛行機隊もすべて消耗してしまった。もともと重傷の体を引きずるようにして日本海軍は出撃したので、各艦隊は有機的に連動して戦闘することができず、バラバラに戦うことになった。海戦の結末を艦艇だけで見ると、「武蔵」以下戦艦三隻、空母四隻、重巡五隻、軽巡二隻、駆逐艦七隻、計二一隻を失っていた。それに反し、彼らの発表によれば、米艦隊は高速空母一、護衛空母一、駆逐艦四、合計六隻を喪失したにすぎなかったとされている。当分、これで、わが海軍は空母部隊を正面に押し出して戦うマットーな作戦を実施しうる見込みはたたなくなってしまった。

　必然的に決戦海域は洋心をはなれ、陸地ちかくへ後退せざるを得なくなった。となれば、地理的にも残存艦艇の内容からいっても、こんごの作戦は基地航空部隊が中心とならなければならない。ついに軍令部は第三艦隊の解隊を決意したのである。したがって、第一機動艦隊も有名無実の存在になってしまうため、こちらもあわせて解隊することにした。一九年一一月一五日付の発令であった。

　第三航空戦隊は解隊、付属の第六五三航空隊も解かれた。第四航空戦隊は「伊勢」「日向」だけを残して、第二艦隊へ移す。ただし、両艦には当分、飛行機隊は置かないことになった。結果論といわれるかもしれないが、まことにこの両艦は、戦争中の貴重な資材と労力と時間をつかって、中途ハンパな無駄な改造をしたものだ。しかし、飛行機隊である六三四空は、戦隊とは分離してすでに、一〇月中旬からマバラカットやキャビテへ進出して比島作戦に参加しており、さらに一一月一五日付で二航艦へ編入されていた。こういう点が、〝空地分離〟制のメリットといえた。空母の「隼鷹」と「龍鳳」は第一航空戦隊へ編入し、一航戦は第六〇一航空隊といっしょに連合艦隊付属として当面、どの艦隊にも所属させないことになった。

　三Fは、一六年四月、〝一航艦〟の名で世界海軍にさきがけて編成して以来、三年半におよぶ名誉と歴史をもつ空母艦隊であった。だが、この店じまいで、日本海軍は「近代海軍」の看板をみずから降ろすことになったのだ。司令長官の小沢治三郎中将は連続二年間の空母部隊勤務から解放され、軍令部次長兼海軍大学校長に転補された。
空母以外の三艦隊の艦艇は、二艦隊へ移籍することになった。「武蔵」「山城」「扶桑」が沈没したので、第一戦隊、第二戦隊は解隊である。「大和」は単艦で二Fの独立旗艦となり、「長門」は第三戦隊へ引っ越した。また、「愛宕」ほかの第四戦隊と「熊野」ほかの第七戦隊も壊滅したため、重巡はすべて第五戦隊に集中する。警戒部隊だった駆逐艦の第一〇戦隊も用なしになり解隊、第二水雷戦隊と第一水雷戦隊へ移動した。第五艦隊でも、第二一戦隊旗艦の「那智」がマニラ湾に帰ってから空襲をうけ沈没したので、この部隊も解隊された。
かき集められた水上部隊
こういうわけで、一九年一一月一五日付で戦時編制が改定され、主要水上艦隊は、
第二艦隊　大和（独立旗艦）
第四航空戦隊　伊勢、日向
第三戦隊　金剛、榛名、長門
第五戦隊　妙高、羽黒、高雄、熊野、利根
第二水雷戦隊　矢矧、第二駆逐隊、第七駆逐隊、第四一駆逐隊
付属　大淀
第五艦隊　足柄（独立旗艦）
第一水雷戦隊　木曽、第七駆逐隊、第二一駆逐隊、第三一駆逐隊、島風

第一航空戦隊（連合艦隊付属）
信濃、天城、雲龍、葛城、隼鷹、龍鳳、六〇一航空隊

というかたちになった。なんと、以上が比島沖海戦後、もしも日本海軍が〝機動作戦〟をやろうともくろんだとき、かき集め得る水上部隊の全兵力だったのだ。わずか半年まえの威容はどこにもない。ただ、GF付属として一航戦を存続させたことが、将来、機動部隊を再建するさいの希望の導標であった。

しかも、弱りめにたたりめ、ガタがきだすとつぎつぎとガタが生ずる。引きつづいていたレイテ方面の作戦で、一水戦、二水戦に損耗が生じたので、それから五日後の一一月二〇日、水雷部隊の兵力整頓を行なわなければならなくなった。一水戦を解隊して、その駆逐艦ぜんぶを二水戦へ統合したのだ。大正三年いらいの伝統ある第一水雷戦隊も、これで消えた。新・二水戦司令官には、一水戦からヒゲの木村昌福少将が横スベリすることになった。

二艦隊長官も交代する。一ヵ月後の一二月二三日、栗田長官は軍令部出仕に転じ（まもなく、兵学校長に就任）、あたらしく軍令部次長から伊藤整一中将が着任した。

さて、このように衰弱した水上部隊をかかえ、軍令部ではこれをどのように使用し、強敵米海軍に立ち向かうかの基本方針の決定に迫られた。艦隊編制は編制として、戦艦部隊、巡洋艦部隊を、母艦航空の傘なしで洋上へ出し、戦わせることなどとてもできない。レイテ突入作戦のような局地戦の場合もしかりだ。そこで、原則としてこういう作戦には使用しないことにきめた。さしあたり、輸送力や基地の防空戦力、海上護衛戦力の増強に貢献できるよ

うな使い方をしよう、というのである。損傷艦の修理でも、〝小艦艇優先主義〟を採用して、大艦は後回しにする計画とした。この方針は軍令部より海軍省、とくに井上成美次官は徹底した考えを持っていたらしい。

いっぽう空母は、大部分は訓練に使用するものの、一部の艦を輸送に使うことにした。飛行機や機材、人員の運搬、それからガソリン輸送である。ゆいいつ、作戦的使用としては特攻機を搭載し、〝機動特攻〟をやろうという案がたてられた。その訓練もしたのだが、実施はされなかった。

母艦部隊の再建は、昭和二〇年中期ごろを目標に、内地あるいはシンガポール方面へ出かけていって訓練する予定をたてた。それにそなえて、二〇年一月一日付で、及川軍令部総長はまたまた第二艦隊の戦時編制を改定する。まるで、猫の目のかわるようであった。

「三AF」解隊

(1)「大和」「長門」「榛名」の三隻で第一戦隊を再編、二艦隊長官の直率とする。
(2)一航戦をGF付属から除き、二艦隊へ編入する。
(3)四航戦、五戦隊を二艦隊より除いて、南西方面艦隊に移す。
(4)第三戦隊を解隊する（防研戦史『大本営海軍部・連合艦隊〈7〉』）。

一航戦は「信濃」と「雲龍」が沈没していたので、「天城」「葛城」の制式空母と「隼鷹」「龍鳳」の改装・改造空母、計四隻だけになっていた。そして、この改編で第二艦隊は〝ミニ空母機動艦隊〟になったのである。むろん、まだ、母艦搭載航空兵力は育っていないのだが。

しかし、これは将来の夢、願望成就を期待する第二艦隊の編制替えであった。当面する現実作戦のためには、さきほど記したように陸上航空艦隊の整頓、整備を急がねばならない。

比島沖海戦では、わが艦隊は大きな被害をだし、レイテ湾へ突入しなかった。だが、敵艦隊にも大損害をあたえ、フィリピン方面の情勢は味方に有利と大本営は誤判断をした。そこで陸軍は、地上決戦方針をルソン島からレイテへうつすことに決し、第一師団、第二六師団など決戦部隊を送りこむ手段を講じた。

現在、比島方面で戦っている基地航空部隊は、第一航空艦隊と第二航空艦隊である。そして、その所属は、二AFは連合艦隊に直属し、一AFは南西方面艦隊に属していた。これはやりにくい。比島沖海戦が一段落ついた現時点では、二航艦も南西方面艦隊へうつしたほうがよいということになった。一九年一一月一五日、発令。

比島戦の開始によって、関東の三航艦も鹿屋に司令部を進め、一部の兵力で九州、南西諸島方面の航空作戦を担任する。後詰め役だ。それだけでなく、三AFには錬成任務があたえられ、機材がそろい搭乗員錬度の向上した飛行隊をフィリピンへ送り出し、また被害の大きくなった飛行隊を後退させて再建する役目も負った。

以上の部隊だけではない。北東方面艦隊に所属していた第一二航空艦隊からも、二〇三空、七〇一空がフィリピンの空へ応援にかけつけていた。また、第三艦隊の残留飛行機隊の大部分も、一AF、二AFに増勢される。南西方面艦隊所属、地もとの一三航艦は局地防空戦に従事していた。大げさにいえば、当時、日本海軍が現有する航空兵力のあらかたが集中した感があった。

こうして必死に戦ったが、米軍はレイテを制圧し、ミンドロ島に上陸、さらに二〇年一月六日、とうとうルソン島リンガエン湾に進入してきた。

前年一〇月二五日以降、一航艦、二航艦は作戦上、合同して「第一連合基地航空部隊」を編成し、福留中将が指揮官になって戦いをつづけていたが、激しかった航空作戦もようやく峠をこえたようであった。わがほう不利。レイテ決戦は断念され、二航艦は解隊して兵力は一航艦へ統合されることになった。福留中将は南西方面艦隊司令部付を命じられてシンガポールへ赴任、大西一航艦長官には残存機をひきいて台湾へ移動せよとの命があたえられた。二〇年一月八日付でこの発令があり、海軍作戦はあらたな局面をむかえることになった。

「第一〇方面艦隊」の新設

制空権を失ったレイテ決戦は、とうとうわが方の思うようにはいかなかった。猛然と押し上げてくる敵のまえに、コレヒドール守備部隊は昭和二〇年二月二七日、全滅する。二月三日には、マニラ市内へも米軍が侵入してきた。ルソン島全体の死命が制せられるのも、目前の状況となった。そうなれば、日本本土と南方資源地帯の交通がほとんど途絶してしまうのは必然である。

はじめ、ジャワ島スラバヤに司令部を構えていた南西方面艦隊（ＧＫＦ）は，マリアナ沖海戦後の一九年七月一二日、比島での戦機せまるとみてマニラにうつっていた。この地から、ＧＫＦは捷一号作戦を戦ったのだが、二〇年一月、敵がリンガエン湾に上陸してくると、北上してバギオへ移動した。

しかし、この山中からマレー半島、スマトラ、ジャワ、ボルネオのほうまでの作戦指導を行なうのは、はなはだ困難だ。そこで軍令部は、南西方面艦隊にはフィリピンだけをまかせることにし、比島以西の作戦には新艦隊をつくって担当させることにした。「第一〇方面艦隊」（一〇ＴＦ）の新編である。二月五日付で発令され、司令長官には、二航艦長官から第一南遣艦隊シチ兼第一三航空艦隊シチにかわっていた福留繁中将が任命された。

彼はシンガポールに司令部を置き、一〇ＴＦ長官兼一南遣長官兼一三航艦長官の三役をしょいこんだ。こんご、内地との連絡は不円滑となるので、自給自足覚悟で戦わなければならない。指揮下には直率艦隊のほか、第二南遣艦隊もふくまれていた。一南遣がマレー方面、二南遣はジャワ方面が担任だ。豪北方面作戦担当の第四南遣艦隊も、一〇ＴＦに編入されて当然だったのだが、司令長官の山県正郷中将（海兵三九期）が福留中将より一年先輩だったので、それはできなかった。日本軍の人事の難しいところだ。そして、福留長官は、作戦については寺内寿一《ひさいち》南方総軍司令官の指揮をうけ、海上防衛を受けもつことに定められた。陸軍だ、海軍だ、と言っていられる時期ではなくなっていたのである。

また、この日、二月五日には第五艦隊が解隊された。一九年夏、北の海から駆けつけた五

Fは、一〇月の比島沖海戦に第二遊撃部隊として参戦する。その後も、麾下水雷戦隊は〝多号作戦〟や〝礼号作戦〟に従事し、敢闘したが被害も大きかった。それでも、GFは五艦隊を存続させる意見だった。が、やがて、軍令部が主張する解隊の方針に傾き、二月五日の発令をみたのだ。

その発令に先だつ一九年一二月五日、五Fの親艦隊・北東方面艦隊(HTF)がすでに解体されていた。五Fがいなくなっただけでなく、いっしょにHTFにいた第一二航空艦隊の主力も捷一号作戦のため転用されてしまい、なかみが空ッポになっていたからだ。のこっていた実質は、海上護衛用の四五二空と千島方面根拠地隊だけにすぎなかったのだ。

最後の決戦部隊「五AF」新編

硫黄島に米艦隊が猛砲撃をかけてきたのは二〇年二月一六日、上陸を開始したのは一九日であった。いよいよ本土来襲もちかい。

その前駆に、比島を制した敵は台湾に来るであろうと陸軍は予想していた。だが、連合艦隊司令部の判断は〝沖縄来攻〟だった。

海軍の状況判断説明にやがて陸軍も納得するのだが、大本営海軍部は硫黄島来襲すこしまえの一月二〇日、「帝国陸海軍作戦大綱」と名づけた指示を、海軍各部隊に発していた。

一、比島方面より日本本土南部へ来攻する敵にたいし、東シナ海周辺における作戦を主眼として二、三月ごろを目途に周辺要地の戦備を急速強化する。

二、渡洋進攻の弱点をとらえ、まず洋上にこれを痛撃、撃破することを主眼とする。
三、上陸した敵にたいしては、補給を遮断するとともに陸上作戦で撃滅する。
と、大筋はこんな示達だった。

けれど、敵艦隊・船団を撃破するといっても、フィリピン沖海戦で大損害をだしたわが方には、そんな水上艦隊はない。陸上を基地とする航空部隊で邀撃するのが精一杯だった。

それも、比島戦に力を出しきった第一航空艦隊は、台湾に後退して傷ついた翼を休めており、ともに戦った第二航空艦隊は先記したように、一月八日、解隊して一航艦に吸収されていた。ただ、本州方面に、司令部を木更津に置く第三航空艦隊が無傷でひかえている。

それから、一九年一二月、第一一航空戦隊という部隊があらたに編成されてGFの直属になっていた。台湾沖航空戦の中核で働いた、通称「T部隊」といわれる第七六二航空隊と、人間爆弾「桜花」攻撃部隊として錬成中の第七二一航空隊とが構成の主体だった。したがって一一航戦は、当時にあっては全海軍の期待をにない得る精鋭な対機動部隊戦兵力であった。

だが、以上のような組織、編制の航空部隊では、ちかく生起が予想される南西諸島方面の戦闘にははなはだ心もとない。

そこで、この七六二空と七二一空に、三航艦から戦闘機の二〇三空、陸攻・艦爆の七〇一空、偵察・哨戒の八〇一空を引き抜いて結合、編成したのが「第五航空艦隊」だ。搭乗員も生き残りの熟練者が多く集められ、機材も新鋭が優先的に充当された。設立は二〇年二月一〇日、初代司令長官には、山本五十六大将のGF参謀長として戦った宇垣纒中将が任命される。テッポー出身の彼に配するに、生粋の飛行機屋横井俊之大佐（海兵四六期・のち少将）が参謀長、偵察出身の宮崎隆大佐が先任参謀に据えられた。艦隊司令部を鹿屋航空基地に置き、国分、築城《ついき》、宮崎などおもに南九州の飛行場に麾下部隊を展開した。

しかし、こうして可能なかぎりの迎撃体制をととのえても、予想される決戦にはなお質、量ともに劣勢だったのである。三航艦は無傷とはいえ比島戦のとき、比較的練度のあがっていた飛行機を戦場に送り、また今回の改編で有力部隊を五航艦へうつしたため、当然、残存航空隊の実力は低下していた。錬成しなおし終了は、三月末と見込まれていたのだ。かつ、飛行機数は一、三、五AFをあわせても、三月初旬で約一二〇〇機にすぎなかった。

不足をすこしでも補おうとすれば、ヒナ鳥育成の教育部隊を実戦部隊化する非常手段しかない。やむをえず、「練習連合航空総隊」を解き、総隊麾下のうち第一一、一二、一三連合航空隊で「第一〇航空艦隊」を編成する方法をとった。三月一日に改編が実施された。練度のかなり進んでいる搭乗員は、五月末までに対機動部隊戦ができるていどに仕上げ、それにいたらない者はただちに特攻訓練を行なって、急速な戦力化をはかろうとしたのだった。

「天一号作戦」発動

連合艦隊司令部が予察していたとおり、米軍は三月二六日、慶良間列島に上陸を開始し、四月一日に沖縄本島へ上がってくるとたちまちのうちに、中・北飛行場を占領してしまった。来攻した輸送船団と護衛の空母部隊にたいし、豊田GF長官は「天一号作戦」を発動する。

宇垣中将の五航艦を主体に、寺岡謹平中将の三航艦、前田稔中将の一〇航艦が傘下に入って、ここを先途と猛攻撃をくりひろげた。台湾にいた一航艦もくわわり、陸軍の第六航空軍もGFの指揮下に入った。全航空部隊による総攻撃、これが今に名をのこす「菊水作戦」である。そして、航空部隊だけでなく、「大和」以下の残存している水上部隊も敵撃滅に向かって錨を上げた。

二〇年一月一日、軍令部は機動部隊再建にそなえて第二艦隊内の整理を行なったが、その後の比島戦線の状況はきわめて芳しくなかった。南方からの油還送も絶えると覚悟しなければならなかった。そこで二月一〇日、大量に燃料をくう戦艦の洋上作戦使用はあきらめ、砲力を活かして軍港の防空艦として使うことにしたのである。ただ、「大和」だけは第一航空戦隊にうつして第二艦隊に残し、二F司令部を置いた。また、空母も「近キ将来ノ使用ヲ考慮シ……第二艦隊司令部ヲシテ用法ノ研究ニ当ラシム」と艦隊内温存策がとられたのだ。

それから、第五艦隊に所属していて、同艦隊の解隊でGF付属になっていた第三一戦隊が、三月一〇日付で二Fへ編入されることになった。この戦隊はあとでもう一度説明するが、元来、海防艦も入る対潜機動戦闘の専門部隊だった。だが、移籍を期に駆逐艦十数隻だけで編成する、いわば水雷部隊にかわる計画とされた。

つづいて四月一日に、第一一水雷戦隊も第二艦隊への編入がきまった。一一水戦は、一一潜戦が新造潜水艦の訓練部隊だったのと同じように、新造駆逐艦の錬成部隊として一八年四月に設けられていた戦隊だった。しかし、昭和二〇年春のころ、駆逐艦の建造は中止されたり延期になったりで、部隊の〝お役目終了〟が宣告されたのである。現在訓練中の駆逐艦の大部分で実戦部隊を編成することがきまり、軽巡「酒匂」を旗艦に、第五三駆逐隊と直属艦合計一七隻の駆逐艦が二Fに所属することになった。

したがって、二〇年四月一日現在の第二艦隊は、13表のような構成になっていた。

13表　最終時の第2艦隊

(S. 20. 4. 1)

第2艦隊	第1航空戦隊	大和 天城　葛城　隼鷹　龍鳳
	第2水雷戦隊	矢矧 第7、第17、第21 第41駆逐隊
	第 31 戦 隊	花月 第43、第52駆逐隊
	第11水雷戦隊	酒匂 第53駆逐隊 直属（橡以下11隻）

豊田GF長官が伊藤二F長官にたいし、「大和」以下の海上特攻隊をひきいて沖縄へ突入せよと命じたのは、この改編直後の四月五日午後であった。航空攻撃に呼応し、敵水上艦隊と輸送船団を襲撃、撃滅せよというのだ。命にこたえ、「大和」と軽巡「矢矧」ほか八隻の二水戦駆逐艦は、六日午後三時二〇分、急遽、徳山沖を出撃した。

航空機の掩護はない。水上艦隊裸の突撃行である。その後の経過はあまりにもよく知られているとおりだ。「大和」「矢矧」のほか駆逐艦四隻を喪失して、作戦は不成功に終わった。

二Fの内部には、この突入作戦のまえから、艦隊の使いみちがないとして解散論があった。そんなとき、かなめの旗艦が沈没し、伊藤長官も「大和」といっしょに戦死したので、話が現実化することになった。四月二〇日に発令され、同時に第二水雷戦隊も解隊された。前年、第一艦隊と第三艦隊が解かれており、とうとうこれで、日本海軍の機動決戦力をもつ水上艦隊はすべて消滅したのである。

「海軍総隊司令部」設置

戦線のいちじるしい後退で、外戦部隊、内戦部隊の区別はすでになくなっていた。となると、全海軍部隊は一人の長官によって統一指揮されたほうが、効率がよい。一九年の八月、捷号作戦に関し、連合艦隊司令長官は海上護衛総司令部部隊、各鎮守府・警備府部隊も指揮できるよう、大海令が発出されていた。そしてさらに、二〇年一月一日、GF長官の権限は拡大されて支那方面艦隊にも及ぶよう、あらたな大海令が出された。捷号作戦についてなどのように限定つきではなく、全面的・常続的に指揮権限がひろげられたのだ。

しかし、この方式には欠点があった。

連合艦隊司令長官は組織上、支那方面艦隊や海上護衛総司令部、各鎮守府、各警備府の司令長官と並列の立場にある。だから、二〇年一月一日の改定方式によれば、GF長官は〝横〟から、他の各司令長官を指揮するという形になってしまうのだ。これは、あまり好ましい方法ではない。指揮系統は真っすぐな〝縦〟の形態で、しかも、大海令などの一時的な命令によるのではなく、制度化されたほうが恒久性があって動きやすい。そこで、設置されたのが「海軍総隊司令部」であった。

四月二五日に発布され、豊田副武GF長官が「海軍総司令長官」を兼務することになった。「海軍総司令長官ハ天皇ニ直隷シ、作戦ニ関シ連合艦隊、支那方面艦隊、鎮守府、警備府、商港警備府及ビ海上護衛総司令部ノ司令長官ヲ指揮スル」のだ。豊田サンが司令長官を兼務したのと同様、他の連合艦隊司令部職員たちも、海軍総隊司令部職員を兼ねることに発令された。すなわち、連合艦隊参謀は海軍総隊参謀も兼ねたのだ。

数日後の五月一日に、長官以下の呼称は「海軍総司令長官兼連合艦隊司令長官」などと、順序が逆に改められたが、組織改定の本旨からいってもこちらの方が妥当であったろう。

ところが、五月二九日、及川軍令部総長が軍事参議官に補任されてその後ガマに豊田総司令長官が行き、豊田サンのあとに軍令部次長から小沢治三郎中将が来ることになって、困った事態が生じた。

豊田大将は海兵三三期の古参提督だったが、小沢サンは四期下の三七期生だ。総隊麾下の支那方面艦隊には、三五期の近藤信竹大将がいる。GF内でも南西方面艦隊の大川内伝七中将と、南東方面艦隊の草鹿任一中将は、小沢中将と同期なのだが、士官名簿ではご両所の方が小沢サンより先任なのだ。これでは軍令承行令上、総司令長官として指揮をとることは許されない。

そこで海軍省は、近藤大将を軍事参議官に転出させ、後任に福田良三中将（海兵三八期）を据える処置をとった。だが、南東方面と南西方面は、そうは簡単にはいかなかった。草鹿中将はラバウルに、大川内中将はフィリピンに孤立し、本土との交通は不如意になり交代が困難になっていたからだ。

そのため、軍令部では南東方面艦隊と南西方面艦隊を連合艦隊からのぞき、大本営直属にする処置をこうじた。こうすれば問題はなくなる。沖縄決戦がたけなわで、いずれ近いうちに本土決戦が予想される現在、遠隔地にある両方面艦隊をなにも総隊麾下にしばりつけておく必要はない、という考えも働いたからだとされている。

「特設護衛船団司令部」開設

ところで、戦争中盤戦もド真んなかごろにつくられた海上護衛総司令部部隊も、その後、連合艦隊と同様、苦難の戦いをつづけなければならなかった。

昭和一七年度の船舶被害は、最初の一〇ヵ月ほどは予想を下まわっていたが、以後、一八年度に入ると急増しだした。一・七倍にも増えたのだ。米軍潜水艦に供給される魚雷が数的に十分になってきたことと、質が非常に改善されたことに大きな原因があった。だが、それだけではない。前年度被害が小さかったのをよいことに、日本海軍が対潜水艦方策をないがしろにしていたからであった。

問題化した一つに、「運航指揮官」制度があった。船団中の一隻に乗船して指揮をとる彼らの多くは、予備役応召の大、中佐で、しかも直接補佐してくれる部下士官もなく、信号、電信などの下士官兵が数名いるだけだった。こういう状態では、船団統制上、十分なシステムになっていないと、まえまえから指摘されていた。そこで設けられることになったのが、「特設護衛船団司令部」である。「護衛船団司令官」が長となり、「……部下ノ艦船部隊ヲ指揮統率シ護衛船団ノ護衛ニ任ジ、運航ヲ指揮ス」るのが任務とされた。彼には参謀のほか、司令部付として士官や兵員もつくことになり、陣容はずいぶんと強化された。

しかしこの司令部は、司令官は固有の配置として発令されたが、参謀や司令部付は、船団を組むときあちらこちらから臨時にかき集めなければならないのが欠点だった。たとえば、軍令部一二課（海上護衛担当）や海軍省あるいは海上護衛総司令部から、中、少佐級の士官が兼務でかけつけてくるのだ。また、配下にはいる護衛艦艇も、出撃のつど、総司令部からあてがわれる艦艇で護衛部隊を編成して乗り出していくのだった。何からなにまで不足だらけの当時としてはやむを得ない仕儀なのだが、こうした〝寄せ集め司令部・部隊〟では、固有編制部隊のような効果は、期待するほうが無理であったろう。

けれど、多数隻で船団航行する場合、一人の運航指揮官にまかせておくよりはるかにましだ。一九年四月、第一から第八までの護衛船団司令部が設けられた。司令官は、伊集院五郎元帥の長男で、勇猛で名だかい伊集院松治少将が第一護衛船団司令官に補任されたのをはじめ、五人が現役、三人が予備役応召の少将だった。

海中にもぐっている潜水艦を、空中から発見できる「磁気探知機」が、航空部隊に供給されはじめたのもこのころだ。一〇〇〇トン級潜水艦なら、直上高度二〇メートルで飛んでいる磁探装備機から、深度一〇〇メートルまでは発見できる能力をもつといわれていた。ただし、あまり左右に位置がズレていると見つけられない。そんな新兵器が四月から対潜航空隊・九〇一空にもたらされた。実用訓練に励んだ結果、上層部は〝効果あり〟と判断し、七月には「特別掃討隊」を編成している。が、なにぶんレーダーのようには、遠視《とうみ》のきかないのが難点だった。

当時はもう戦争三年目である。戦局悪化による被圧迫感は、本土にもじかにひびくようになっていた。薩南諸島や沖縄諸島から成る、南西諸島の防備強化がさわがれだした。その実行のため、航路防衛を目的に四月一〇日、佐鎮麾下部隊として「第四海上護衛隊」が編成された。沖縄航空隊と水雷艇「友鶴」「真鶴」ほか数隻の掃海艇、駆潜艇で鹿児島——沖縄間の海上交通を保護するのである。

それから一ヵ月後、五月二〇日には「第三海上護衛隊」の開設となった。本州南岸での船舶被害が急に増えてきたからだ。東京湾——紀伊水道間の航路確保のため、司令部を大阪に置いて店びらきした。古い潜水母艦「駒橋」ほか駆潜艇、哨戒艇各一隻と特設掃海艇などの弱小兵力で交通線を護ろうというのだ。これで、海上護衛隊は合計四コ隊となった。

〝護衛空母〟あいついで討ち死に

こんな、日本側の対潜作戦の変更、強化が効を奏しはじめたのか、一九年春ごろから、米潜水艦の損失が増加しだした。毎月二隻平均が失われるようになり、逆比例して味方船舶の被害はいちじるしく低くなってきた。

それには、わが方が「大船団方式」に転換したことも、あずかって力があったろう。輸送船の稼動率だけから考えると、単船もしくは少数隻で走りまわらせたほうがよい。しかし、元来すくない護衛艦を有効に使おうとすれば、多数隻船団で航行させたほうが効率的なのは分かりきっている。そこでの転換だったが、一九年度には最大三三隻の船団を組んだこともあった。

だが、そうなると、また米軍も黙って見てはいない。方針をかえて、護衛する海防艦や駆逐艦を狙いだしたのだ。被害は増えていき、逆に米潜の保有隻数は増加しはじめた。一九年八月には約一四〇隻に達していたという。ガードが破られれば、必然的に船舶も撃ち沈められる。敵は〝狼群戦法《ウルフ・パック》〟をとりだしてきた。おおむね三隻で一単位をつくり、優秀なレーダーと無線電話をつかい、たがいに連絡を密にしながら襲いかかってくるのだ。ふたたび、護衛部隊を強化せよとの声が高まった。

消極的に、船団のそばに張りついてする「直接護衛」だけでなく、わが航路付近に蝟集してくるであろう敵潜水艦をもとめ、積極的に狩りたてようとする部隊もつくられることになった。いわゆる対潜掃討隊〝ハンター・キラー・グループ〟である。「間接護衛」といえよう。駆逐艦と海防艦、それに対潜航空隊を組み合わせて編成する案がまとまった。

実施は一九年八月二〇日付で、「第三一戦隊」という名称がつけられた。水雷出身の江戸兵太郎少将が司令官に就任し、軽巡「五十鈴」を旗艦として第三〇、第四三駆逐隊、「千珠」以下五隻の海防艦で発足した。まもなく、連合して対潜掃討活動をする第九三三航空隊も佐伯を基地に開隊して編入されたが、三一Sは海護総司令部部隊には入れられず、GFの所属とされた。これは、海護総司令部に持たせると船団直衛に使ってしまい、ハンター・キラーとして作戦させないおそれがある、と軍令部では心配していたからのようであった（防研戦史『海上護衛戦』）。

その後、さらに駆逐隊が増勢され、南シナ海を中心にユニークな作戦に従事しはじめたのだが、他の任務に転用されたりして戦果のほどは……どうもパッとしなかったらしい。

ユニークといえば、「大鷹」ほか三隻の護送空母が海上護衛総司令部麾下に入ったのは一八年一二月だったが、船団護衛に本格的活動を開始したのは、やはり一九年四月からだった。

海上護衛総司令部の指揮下にはいった改造空母「海鷹」

搭載機航空隊の第九三一航空隊が、佐伯を基地に九七艦攻を使用機として開隊したのが二月一日。そして、母艦機としての訓練がひととおり終わり、空母のほうも、まず「海鷹」の準備が三月なかばに完了したからだ。

ところが、なんとしたことか、一九年も暮れないうちに「大鷹」「神鷹」「雲鷹」の三隻が、あいついで沈められてしまったのである。船団を護るために飛行機をのせている航空母艦がやられてしまう。夜間で、対潜機が飛ばせなかったという理由はあるにせよ、あまりカッコウのいい話ではなかった。敵潜水艦の闘志、攻撃技量の卓越ぶりと同時に、味方護衛艦艇の対潜兵器性能、対潜戦闘技術の低さを見せつけられる思いがする。

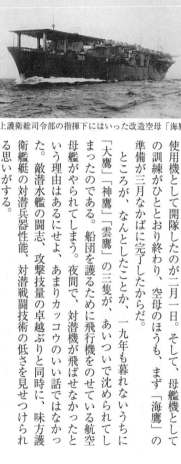

14表　S.18年3月当時の主要潜水部隊

第6艦隊		香取(旗艦)伊8　第7潜水隊
	第1潜水戦隊	伊9 第2、第15潜水隊 平安丸
	第2潜水戦隊	伊11 第12、第22潜水隊 靖国丸
	第8潜水戦隊	伊10 第1、第14潜水隊 日枝丸
第8艦隊	第7潜水戦隊	長鯨 第13潜水隊 呂34、100、101、102、 呂103、106、107
南西方面艦隊	付属	第30潜水隊
第5艦隊	付属	伊34、35

潜水艦戦不振——使い方が悪かった？

ならば、わが潜水艦部隊はどのように戦っていたのだろうか？どんな態勢で戦ったのだろうか？日本の潜水艦は戦前、世界一を誇り、戦時の活躍を期待されていたが、第二段作戦のころになって案外戦果がすくないという批判が出てきた。

開戦いらい、第二潜水戦隊司令官としてハワイ作戦、アリューシャン作戦に従事し、一七年末、軍令部出仕を命ぜられて潜水艦戦の研究を行なっていた山崎重暉少将は、翌一八年一月、研究結果を詳細かつ率直に永野軍令部総長に答申した。山崎少将は海兵四一期、生え抜きのドン亀乗りで、後日、潜水学校長になる提督である。

彼の分析検討によれば、潜水艦が期待を裏切っているのは、「使い方が悪い」というのであった。任務を敵艦船攻撃に集中しなかったから、というのだ。第一段作戦、第二段作戦においては、まず敵要地の偵察、監視、そのあとに艦艇攻撃、さらにそのあとに海上交通破壊戦が位置づけられていた。しかも、敵のガ島反攻以後はソロモン、ニューギニア方面への輸送任務まで背負わされている。そして、敵の対潜能力が優れているのにたいし、わが潜水艦の対抗兵器が劣っているというのが、山崎の指摘だった。これは、ひとり彼の意見ばかりではなく、当時の全潜水艦乗りの声でもあった。

こんな反省があってか、第三段作戦では、「潜水艦作戦ノ重点ヲ敵海上輸送ノ破壊ニ指向シ敵ノ進攻企図ヲ阻止スルト共ニ敵戦力ヲ減殺シ……」かつ「機宜一部兵力ヲ以テ敵艦隊又ハ要地ニ対スル奇襲作戦ヲ行フ」と方針が改められた。開戦後一年半ほどがたって、ようやく潜水艦乗組員たちが望んでいた、作戦態勢になったわけであった。

潜水艦による敵艦隊の〝追躡《ついじょう》攻撃〟は、戦前から日本海軍全般の兵術思想だった。だが、戦技や応用教練、内南洋への長期行動訓練やさらに演習を行なってきた経験から、潜水艦士官たちは、それがいかに困難な課題であるか痛感していた。しかし、五・五・三の比率のもとで艦隊決戦に勝利するには、この漸減戦法しかないとも考えていたのだ。

潜水艦部隊の用法が海上交通破壊に転換されたとはいえ、彼我主力部隊決戦の場合は、潜水艦も戦列にくわわって作戦することは当然である。そのさいは、味方艦隊の目となって哨戒にあたり、好機をとらえて襲撃するのが上策との思想が強まりだした。

ガ島撤退作戦後、先遣部隊潜水艦の大部分はトラック泊地か内地へ帰り、整備を行なってつぎの作戦にそなえた。一八年三月までに一九隻の潜水艦が失われたが、新造艦が二二隻くわわったので、総計六四隻となっていた。実勢力は開戦時とあまり変わらない。また第六艦隊だけでなく、他の艦隊に所属する潜水艦もあったので、ドン亀部隊の編制は14表のようになっていた。

れである。

「潜水艦部」設置

だが、解決しなければならない問題はまだあった。中央部の潜水艦関係機構の弱体——これである。

軍令部でも、航空関係には二人の部員が配されていたが、潜水艦はたった一人で作戦も制度・編制関係もすべて切りまわしていた。さらに航空部門は、航空本部という膨大な組織をもち、多額の予算に裏づけられながら技術関係だけでなく、教育制度まで取りしきっていた。しかし潜水艦は、艦艇の一種だから特別扱いをする必要はないとし、艦政本部第七部で建造、整備に関しての事務をとり、調整をはかっているだけだった。

そこで、軍令部の潜水艦部員を二人にせよ、空本に匹敵する「潜水艦本部」を設立せよとの声が持ち上がった。この潜水艦本部案は大正末か昭和の初めごろからあったようだが、ロンドン軍縮会議で、潜水艦保有量が五万二〇〇〇トンに制限されたため沙汰やみになっていたのだ。それが再燃したわけだが、戦争の経過とともに潜水艦の消耗が激しくなるにもかかわらず、資材の関係で潜水艦建造量は期待するほど伸びなかった。さらにこれは、官制の変更となるので、法制局の承認も必要だった。そんな制約のため、潜水艦本部設置は見送られ、一八年五月一日、規模が小さい「潜水艦部」がつくられたのであった。

潜水艦部は予算を持っていなかったので、そういう面での実行力はなかったが、作戦をのぞいた潜水艦のあらゆる問題にタッチした。しかし、部員は軍務局や艦政本部の兼務者が多く、熱望された潜水艦本部とはほど遠かったが、それでも潜水艦乗員に大きな便宜をあたえる存在となった。また、軍令部の部員も、六月に二名制が採用され、職務の負担が軽減された。

そうしているうちにも、戦争の局面は悪い方向へ動いていった。一八年なかばを過ぎると、潜水艦戦では、インド洋はともかく南太平洋方面の戦果が減少する反面、被害が大きくなりはじめた。アメリカ海軍の対潜攻撃は、昭和一八年に入ってからレーダーを存分に駆使し、急速に威力を逞しくしだしていた。潜水艦用法をさらに検討しなおし、転換しなければならない事態におちいったといってよかった。

一八年一一月中旬、米機動部隊がギルバート諸島に来襲したとき、先遣部隊では多くの兵力を南東方面部隊と南西方面部隊に派遣していた。そのため、敵迎撃に向かわせることのできた潜水艦は九隻だけだった。そして、一一月二五日、「伊一七五」潜が護衛空母「リスカム・ベイ」を撃沈する殊勲をたてたものの、九隻中六隻が失われ、生還した三隻も爆雷攻撃で損傷、修理を要する大損害をこうむってしまった。

作戦を指導した第六艦隊司令部の、戦闘経過検討、反省は深刻にならざるを得なかった。

行動日数がきれかかって疲労の極に達していた艦も投入したこと。新造艦で乗員の訓練が不十分な艦も参加させたこと。敵情の変化に応じ、配備点を変更するのは当たり前としても、本作戦ではあまりにそれが過敏となり、水上進撃を強行させた。そのため、潜水艦伏在海面を暴露する結果になったこと……。が、それだけでなく、わが潜水艦にレーダーが完備していなかったのも、敵の対潜戦闘を成功させる一因になっていた。

潜水艦の損失つづく

昭和一九年二月じぶんの先遣部隊の作戦は、「……友軍各部隊ト緊密ナル連係ノ下ニ主力ヲ以テ太平洋方面ニ於ケル敵艦隊奇襲攻撃及敵海上交通破壊並ニ敵情偵知ニ任ジ、一部ヲ以テ南東方面及マーシャル諸島方面ノ作戦輸送ニ協力」するとの方針だった（防研戦史『潜水艦史』）。

ギルバート方面の作戦で一挙に多数の精鋭潜水艦を喪失、作戦可能な艦は激減してしまった。さらにその後も、一九年二月、三月、四月と出動をつづける潜水部隊は被害をうけ、失われていった。三ヵ月間に一〇隻もの亡失をかぞえたのである。

そのような状況下で迎えたのが、「あ」号作戦だ。

小型・呂号潜水艦七隻が一九年六月二五日までに散開線につき、哨戒に入ることになっていたが、作戦終了後、トラックに帰還したのはわずか二隻にすぎなかった。これは、散開線が察知され、ズルズルッと芋づる式に攻撃されてしまったためらしい。

六月一九日、二〇日の決戦には、伊号、呂号潜水艦約二〇隻が参加した。うち一二隻もが還ってこなかったので、戦果は推定の域を出ないのだが、空母、戦艦数隻を撃沈したと当時は考えていた。が、実際は、大型艦の沈没はなかったようである。そして、総勢三六隻の潜水艦が前後を通じて海戦に出動したが、喪失艦は二〇隻におよんだ。なのに戦果は期待にそむき、「あ」号作戦での潜水艦戦は完全に失敗と認めざるを得なかった。

この海戦では、高木武雄第六艦隊司令長官が戦死している。

高木中将は作戦まえまで、司令部を瀬戸内海にいる「筑紫丸」に置いていたが、「あ」号作戦参加のため、六月六日、サイパン島陸上に進出して潜水艦戦の指揮をとりはじめた。先任参謀、通信参謀、航海参謀らをひきいて進出したのだが、その直後に米軍が上陸してきたのだ。二隻の潜水艦を使用して六F司令部の救出を企てたが、敵の制圧を受けて失敗してしまった。参謀長、水雷参謀らは「筑紫丸」に残って潜水艦の訓練、整備にあたったため、ぶじだったのである。

ギルバート作戦につづき、「あ」号作戦でも潜水艦の被害が大であったのはなぜか？　最大のものは、米軍の対潜能力がきわめて向上しているのに、日本海軍がそれを十分に認識していなかったからだとされている。

だが、それだけでなく、哨戒配備法にも欠陥があった。

日本潜水艦は、哨戒時、ある一定の線上に数隻ならんで任務につくことが多かった。それも、司令部が作成した図面どおり、行儀よく定められた距離をとって配備についていた。したがって一隻発見され、もう一隻もつかまえられると、あとは規則性をもっているので、たぐり寄せるように攻撃されてしまうのだった。

潜水艦隊、「回天」搭載出撃

マリアナ沖海戦の二ヵ月後、一九年九月一二日現在の第六艦隊の編制は32表のように改められていた。それまでの戦訓と、損害による減少の結果、こう改めざるを得なかったといった方がよいかも知れない。開戦時の六Fでは、麾下潜水艦はすべて潜水戦隊に区分所属していた。だが、精鋭戦闘潜水艦は潜水隊単位で艦隊司令長官直属になったのだ。それも、かつてのように三隻編制の小規模潜水隊ではない。表からも明らかなように、五隻、九隻といった大きな隊だった。そのため第七、一二、二二、五一潜水隊は解隊されていた。これは前にも書いたところだが、屋上屋を重ねる方式の廃止であった。

第七潜水戦隊の潜水艦は輸送用で、当時はウェーキ、トラック、南鳥島などへ作戦輸送を行なっていた。第八潜水戦隊は編制上、六Fに入っていたが、軍隊区分で南西方面艦隊の指揮をうけて作戦に従事していた。第一一潜水戦隊は前称〝呉潜水戦隊〟で、新造潜水艦の訓練部隊で瀬戸内海西部がベースだ。

マリアナ沖海戦以後の潜水部隊作戦要領の大スジは、「大部ヲ以テ邀撃作戦或ハ戦機ニ投ズル奇襲作戦ヲ実施ス。一部ヲ以テ敵情偵知、敵後方補給路ノ遮断及味方先端基地ニ補給輸送ニ任ズ」と定められた。そして、一九年秋一〇月までに、一一潜戦から四隻の潜水艦が長官直率部隊へ移されたが、それでも捷一号作戦を迎えるための戦闘第一線兵力は二〇隻たらずという状況になっていた。

捷一号作戦について具体的にいえば、敵の機動部隊、攻略部隊の来攻正面に立ちふさがり、断固、撃破せよとの命令だった。そのための哨戒方式は、今までのように〝散開線〟によるのでなく、〝散開面〟に改められた。一つの進歩である。攻撃目標の第一は空母、ついで戦艦、上陸船団におくと定められた。いっぽう、全潜水艦に電探《レーダー》、逆探を至急装備する対策もとられた。

海戦は一〇月下旬、比島沖で生起し、潜水艦戦は、結局、一三隻の出動により戦われた。空母撃沈をふくむ大きな戦果が報告されてきたが、戦後のあちら側発表によると、実際は護衛駆逐艦一隻撃沈、軽巡、LST各一隻撃破の小さなものだったという。喪失潜水艦は六隻、出撃艦の四六パーセントであった。だが、それでも「あ」号作戦時の喪失率五三パーセント、戦果なしに比べれば上出来だったといえよう。戦術面、技術面での対策が功を奏したのか——。ただし、散開面変更のための水上強行進撃はあいかわらずだった。期待した戦果が得られなかったのには、このへんに一因があるかも知れない。

15表　昭和19年秋の第6艦隊

第6艦隊	直率	第15潜水隊	伊26、36、37、38 伊41、44、45、53 伊54
		第34潜水隊	伊177 呂41、43、46、47
	第7潜水戦隊		伊361、362
	第8潜水戦隊		伊8、165 呂113、115
	第11潜水戦隊		長鯨 伊12、46、47、56 伊363、364、365、366 呂49、50

マリアナ沖海戦に敗北を喫して以後、通常の潜水艦攻撃は実施困難と認められだすと、関係者の間に〝特攻〟への気運が急速に高まりはじめた。とくに青年士官の間で、一八年末ごろから人間魚雷の構想が描かれていたが、ついに一九年八月初旬、兵器に正式採用され「回天」と命名された。

器材の整備と襲撃教練、潜水艦との連合訓練は急がれ、一〇月下旬には作戦行動ができるまでになった。しかし、当初は回天搭乗員の練度などから、航行艦船にたいする攻撃はむりと考えられ、泊地襲撃を決行することになった。第一陣「菊水隊」は一一月二〇日、ウルシー泊地とパラオ北東のコッソル水道泊地に攻撃をかけた。つづいて翌二〇年一月一二日、「金剛隊」がウルシー泊地などの敵艦船を襲ったのである。以降、潜水艦隊の作戦は回天戦が主体となり、大型潜水艦による通常攻撃は急速に行なわれなくなっていった。

「第一護衛艦隊」の創設

〝特設護衛船団司令部〟制が設けられ、重要船団の護送に改善がみられたとはいうものの、なおこの方法は、借り着の衣装をまとう一時しのぎの方式であることは否めなかった。実施部隊から、そんな寄せ集め編制ではなく、固有人員の司令部と固有護衛艦艇より成る建制部隊で、責任ある護衛体制をつくるべきだとの声が強まったのは当然だった。そういう要望を反映して実現したのが「第一〇一戦隊」である。一九年一一月一五日付の発令だった。一〇一Sは練習巡洋艦「香椎」を旗艦に、「対馬」「大東」「鵜来」などの海防艦六隻で編成された。司令官は水雷出身の渋谷紫郎少将。つづいて同様な護衛戦隊が二コ部隊設けられるのだが、そういうことを前提に、一二月一〇日付で従来の第一海上護衛隊を解隊し、「第一護衛艦隊」がつくられた。

航海出身で、海護総参謀長だった岸福治中将（海兵四〇期）が司令長官に任命された。このとき、いままでの護衛船団司令部のうち第一～第四および第六船団司令部が廃止され、そのほか艦船部隊に多少の移動が行なわれたため、新編時の一護艦隊はおおよそつぎのような編制になっていた。

第一〇一戦隊

第五、第七、第八護衛船団司令部

付属　海鷹

　　潮風、春風、呉竹

　　第一、第一一、第一二、第三一海防隊

　　択捉ほか海防艦三三隻

　　鷺、鵯、第一七号、第一八号掃海艇

　　第三八号哨戒艇

　　第九三一海軍航空隊

第一〇二戦隊と第一〇三戦隊が編成されたのは二〇年一月だったが、開隊するとさっそく第一護衛艦隊に編入された。一〇二Sは旗艦「鹿島」に「屋代」ほか五隻の海防艦、一〇三Sのほうは駆逐艦「春月」をフラッグ・シップに据え、「昭南」ほか五隻の海防艦という編制である。

それから、九〇一空は当初、海護総司令部付属のままだったが、二〇年一月一日に九五三空、九五四空を統合して一大航空隊に変貌すると、第一護衛艦隊へ入ってきた。

かつては陸攻、飛行艇の大型機だけの部隊だったが、五〇機ちかい戦闘機が組みこまれた。これは、磁探機、電探機で編成した対潜特別掃討隊の掩護にあたらせるためであった。この隊には、磁探とレーダーの両方を装備した、対潜捜索攻撃専門のまことに珍しい双発機「東海」も配属されたのだ。総計約六九〇機をこす大航空隊にかわり、しかも、多機種を運用しなければならないので、指揮官には〝司令〟でなく、参謀もつく少将の〝司令官〟が配置された。

こうして、建制の第一護衛艦隊は南方――内地間の航路安全を一貫して護ろうと、意気ごんで立ちあがったのだが、そのとたんドエライ不幸に見舞われてしまった。

二〇年一月九日正午、仏印南部から門司に向け、「ヒ八六船団」が出港した。船舶は一万トンの油槽船「極運丸」はじめ一〇隻、護衛するのは渋谷少将を指揮官とする第一〇一戦隊の旗艦「香椎」と海防艦「鵜来」「大東」「二三号」「二七号」「五一号」の六隻だった。〝ヒ〟とは石油など重要物資を輸送する船団にかぶせる符号、〝偶数番号〟は南方からの復航であることを示していた。サンジャック出港の翌日一〇日、船団ははやくもB29の触接をうけ、そのため、一一日は早朝から仏印沿岸に極度に接するように北上していた。

こうすれば浅い海面を走ることになり、敵潜は攻撃しにくい。護衛艦も船団左側は陸岸にオンブし、右側だけに張りつけばよいと考えたからだ。ところが午前九時ちかく、とつじょ数機の艦上機が襲ってきた。艦上機出現！　それは近辺に敵機動部隊がいることを物語っていた。比島周辺の制空、制海権を手に入れた米軍は、ハルゼー・第三艦隊を南シナ海奥ふかくに進入させてきたのだった。

一一時すぎ、敵は本格的な空襲をかけてきた。護衛艦隊は必死に防戦したが、飛行機対船団、結果は火を見るより明らかだった。数次にわたってのべ一五〇機が来襲し、船舶は全滅、護衛艦も「香椎」「第二三号」「第五一号海防艦」が沈没してしまった。渋谷司令官も戦死。半日のあいだに、呆然自失するような結果が生じたのだ。もはや、護衛艦隊の敵は潜水艦だけでない時期に入っていた。そして、「ヒ八六船団」全滅事件は、南方航路の事実上のストップを意味していた。

海上護衛総司令部では、敵機動部隊にたいしては手の打ちようがなかった。しかも、米軍は硫黄島からさらに沖縄へ来攻し、内地が戦場になるのも目前の状況である。当面、あたえられた兵力で本土周辺の主要海峡や港湾の防備を強化し、とりわけ日本海側の海上交通だけでも確保する努力をはらうより手段はなくなっていた。

四月一〇日、対馬海峡を防衛するため「第七艦隊」が、連合艦隊のなかに新編された。日本海軍が編成した最後の艦隊だったが、内容は貧弱であった。古い敷設艦「常磐」と特設艦船二隻から成る機雷敷設部隊・第一八戦隊と、四隻の海防艦、下関防備隊が基幹だった。さらに、北方防備にあてるため「第一〇四戦隊」が同日付で編成されている。津軽海峡と宗谷海峡を護るのが目的で、「福江」以下六隻の海防艦が主力だった。また、日本海全般の航路を防衛するため「第一〇五戦隊」も編成された。発令は五月五日、兵力は駆逐艦「響」のほかに海防艦六隻の弱勢であった。

しかし、こういう部隊が編成される少しまえから、海上護衛総司令部はまたもドエライ事態に巻きこまれだしていた。それは、三月末からB29が、瀬戸内海をはじめ主要な水路や港湾にたいし、徹底した機雷封鎖作戦を開始したからだ。敷設は太平洋岸からついには日本海にまでおよび、八月になるとわが海上交通は完全に麻痺《まひ》してしまったといってよかった。海上護衛戦はお手あげになってしまったのである。

海上護衛に活躍するCSF

ところで、海上護衛戦が戦われたのは、南西方面海上や太平洋方面だけではなかった。緒戦時の昭和一七年の前年には、マレー、フィリピン、蘭印、ビルマなどの攻略のため、南シナ海はわが輸送船団の重要航路となっており、支那方面艦隊はその護衛にあたっていたのだ。南シナ海だけでなく、しだいに船団護衛は華中沿岸では上海方面特別根拠地隊の手により、華北沿岸海域では青島特根の海空兵力によって行なわれるようになっていった。在華の陸軍部隊を南方戦線に転用するため、船団を仕立てたからであった。

大連や旅順の入口ちかくでも汽船が敵潜水艦にやられる事態が起きはじめていたが、しょせん青島は戦争の裏口である。手持ちの兵力としては水上偵察機三機に水雷艇「雉」一隻、あとは特設艦船の「日本海丸」のみ。特根司令部でも、「機帆船の警備艇では、敵潜の物笑いになるだけだな」と自嘲するしまつだった。

かつては、旧式ではあったが駆逐艦多数が封鎖任務、巡邏警戒任務についていたが、南方への転用が多くなり、徴用船の特設砲艦が代役をつとめていたのだ。艦長も応召の士官や同じく応召予備士官が増えていった。開戦後、大陸に在る海軍航空兵力も少数の艦上戦闘機と水上偵察機だけになっていたので、任務は主に対潜哨戒と海上護衛であった。

　そんな時期の昭和一八年三月二五日、「第三段作戦」が発令されたが、このような状況下の支那方面艦隊（CSF）にはしたがって積極的な大作戦は示達されていなかった。現状維持どころか、第一遣支艦隊は揚子江方面特別根拠地隊に格下げされ、長官の遠藤喜一中将は第九艦隊司令長官に転出し、大野一郎少将が司令官の椅子にすわった。これは八月二〇日の発令だったが、それから間もなく、旗艦であった「出雲」も内地に帰った。昭和六年の第二遣外艦隊いらい、ズッと揚子江方面で働いてきた武勲ある艦だったが、瀬戸内にもどり、兵学校の練習艦任務に服することになったのだ。残るところは十数隻の河用砲艦と若干の駆逐艦。陸上部隊としては上海方面に重点を置く特別陸戦隊が、ひとり第一次上海事変に敢闘いらいの伝統を誇ることとなった。


　南シナ海、東シナ海方面での米潜水艦の動きが活発になったと認められたのは、昭和一八年六月下旬ころからだった。それまでは比較的活動がすくなかった。が、この現象は中国沿海にかぎったことではなく、全戦域についていえることであった。そこで、海軍当局は海上交通保護対策をあらためて見直したのだ。

　一七年秋以降、各方面艦隊ごとに海上交通保護担任区域が指定され、区域内だけでの船舶護衛、対潜掃討にそれぞれの方面艦隊は責任を持たされていた。こんどはこれを改正して船団航路を設定して航路内の一貫護衛方針を打ち出したのであった。CSFでも、たとえば上海—台湾航路は上海根拠地隊が、広東—厦門航路は第二遣支艦隊が、などというふうにである。改正は一八年六月一日より実施され、ちょうど中国方面海域での敵潜行動が活発になる時機にあたっていた。

そして、潜水艦ばかりでなく、在中国米空軍の増強が目立ちはじめ、一〇月に入ると彼らは攻撃の重点を海上交通破壊にうつしたようであった。

B24をかかえる敵はむろんこちらの陸上軍事施設もねらっており、海軍は第二五四航空隊を海南島・三亜に開設して、これに対処したのである（一八年一〇月一日開隊）。防空のための艦上戦闘機と対潜用の艦上攻撃機から成る部隊だった。彼らが台湾・新竹に空襲をかけてきたのは、それから二ヵ月後の一一月二五日である。いよいよ—という事態が迫ってきた。

自活自衛の支那方面艦隊

大陸沿岸部、仏印、ビルマからする米英の援蔣ルートは封鎖の成功でほぼ完全にストップしていたが、反面、インドからする軍事援助はいっそう勢いを増した。そのため重慶軍の装備は近代化され、事変中、日本軍が侮ったようなおもかげは払拭されていた。しかも、米空軍の増強とわが航空兵力の弱体とで、中国大陸の制空権はまったく敵の手に握られていた。

すでに一八年なかごろから、彼らの揚子江方面に対する活動は激しくなり、二隻の砲艦艦長が、敵機の銃撃を受けて戦死する状況に立ちいたった。やむを得ず、砲艦は夜間のみ行動し、昼間は沿岸にいる陸軍防空隊の傘の下に入るあわれな有様になったのだ。

　こうした内陸部での窮状もさることながら、CSFからは、艦艇の他への転用がさらにつづく。元来、この艦隊には河用艦艇が多かったのだが、外洋航行可能なフネのうち、「鵯」など五隻の水雷艇が一八年中に連合艦隊へ抽出されていった。一九年六月一日現在での、支那方面艦隊の全容あらましを表にすると、16表のようになるのである。5表に掲げた開戦直前のCSF編制とくらべると、三年間での骨組の変化が分かっていただけると思う。航空部隊、海上部隊のすくない、守備部隊的性格がいっそう強い兵力になっていた。

16表　S. 19. 6. 1現在の支那方面艦隊

	区分		所属艦船部隊
支那方面艦隊	第2遣支艦隊	直率	嵯峨　舞子　初雁
		香港方面特別根拠地隊	香港港務部　広東警備隊
		厦門方面特別根拠地隊	
	海南警備府部隊		海南警備府 第254海軍航空隊 横鎮第4特別陸戦隊 舞鎮第1特別陸戦隊 佐鎮第1特別陸戦隊 第15，16警備隊
	付属	上海方面根拠地隊	安宅　鳥羽　興津　宇治 栗　栂　蓮 舟山島警備隊　南京警備隊 上海港務部
		青島方面特別根拠地隊	首里丸
		揚子江方面特別根拠地隊	勢多　堅田　比良　保津　熱海 二見　伏見　隅田　須磨　鳴海 多多良 九江警備隊
			上海海軍特別陸戦隊 第1号，第2号黄浦丸 第256海軍航空隊 上海海軍航空隊 青島海軍航空隊 第2気象隊

　当時、日本海軍主力は太平洋正面からひた押しに押してくる米海軍に立ち向かうのに精一杯だった。しかも、この年なかば、「絶対国防圏」を構想したその一角、サイパンを喰い破られてしまうのである。だが、支那方面艦隊の現在には、積極的に太平洋戦争に協力する力はない。

すなわち、昭和一九年のCSFは日本の戦力、国力の足を引っぱることのないよう、自活、自戦するしかなかった。

まず第一番のテーマは、これまでも記してきたように海上交通保護作戦への協力である。揚子江で行動中の砲艦でも、沿岸海域で航行可能なもの、たとえば「安宅」などは海上の護衛戦に出て行った。小型駆逐艦ももちろんだ。このころ、敵の海上交通破壊は、華南沿岸では主として在中国米空軍が、南西諸島や台湾海峡方面では潜水艦が日増しに猛威をたくましくしだしていたのだ。また時間的にいえば、昼間は敵飛行機が、夜間は潜水艦が脅威の対象だった。

そのような米空軍が、中国大陸の基地から日本内地を空襲するのを阻止するのもテーマの一つだった。だが、当時のCSFには何の名案も、何の力もないのが実情だった。一九年六月一五日、六八機のB29が北九州八幡製鉄所に約一二〇トンの爆弾の雨を降らせたが、艦隊では手のほどこしようがなかった。

捷一号作戦が不成功に終わり、昭和二〇年を迎えると早々に敵はルソン島に上陸してきた。さて、比島のつぎはどこへ来るのか?

大本営は南シナ海か東シナ海の沿岸要域に指向してくる可能性が大と判断しており、この方面の緊急戦備をととのえる指令がなされた。しかし、現実には硫黄島、沖縄の線を敵は進んできた。七月、八月になると中央統帥部は本土決戦準備に忙殺され、とても支那方面艦隊をかまっている余裕はなくなっていた。いわば、見放された形で福田良三司令長官以下のCSFは終戦を迎えるのである。

「決号作戦」にそなえて

いっぽう沖縄で、牛島満中将の第三二軍が組織的戦闘を終えざるを得なくなったのは、昭和二〇年六月一九日だった。

それにさきだつ一一日、小禄《おろく》地区にあった大田実沖縄方面根拠地隊司令官麾下の海軍主力部隊も全滅し、大田少将は一三日、自決した。戦局がこのまま推移すれば、ちかく敵が本土へ上陸してくるのは必至だった。

いよいよ本土決戦になったならば、海軍の残っている艦は燃料のつづくかぎり闘い、あとは砲台がわりとなり、飛行機は練習機にいたるまで、特攻として突っこむことにきめた。そこで、この最後の戦いを「決号作戦」と名づけた。

ところで、まず17表を見ていただこう。右側は終戦時の連合艦隊の編制だが、あらためてこう見なおすと驚く。

なんとか戦えそうなのは、陸上航空艦隊のうちのいくつかと潜水艦の第六艦隊だけなのだ。ほか

17表　太平洋戦争開戦時、終戦時の連合艦隊編制

	開戦時	終戦時	
連合艦隊	第1艦隊		
	第2艦隊		
	第3艦隊		
	第4艦隊	第4艦隊	
	第5艦隊		
	第6艦隊	第6艦隊	
		第7艦隊	
	第1航空艦隊		
	第11航空艦隊		
	南遣艦隊		
		第3航空艦隊	
		第5航空艦隊	
		第10航空艦隊	
		第12航空艦隊	
		第10方面艦隊	第1南遣艦隊
			第2南遣艦隊
			第13航空艦隊

に横須賀、呉、佐世保、舞鶴の各鎮守府部隊、大阪、大湊、鎮海の各警備府部隊があるにはあったが……。

ならば、このような兵力で、日本海軍は最終戦をどのように戦ったらよいのか？

六月一二日、軍令部は「決号作戦における海軍作戦計画大綱案」と名づける、そのための基本方針を示した。

「帝国海軍ハ其ノ全力ヲ緊急戦力化シ、特ニ航空兵力ノ実動率ヲ画期的ニ向上セシムルトトモニ、航空関係ナラビニ水上水中特攻作戦準備ヲ促進ス……作戦実施ニアタリテハ自他一切ヲ顧ミルコトナク、航空及ビ水上水中特攻ノ集中可能全力ヲ以テ当面ノ撃滅戦ヲ展開スルモノトシ、凡百ノ戦闘ハ特攻ヲ基調トシテ之ヲ遂行ス」（防研戦史『大本営海軍部・連合艦隊〈7〉』）という「全軍体当たり戦法」であった。

全軍の戦力化は急がれ、「大綱案」が示される前から、それはすでに始まっていた。練習航空隊中心の第一〇航空艦隊のうち、徳島、高知、岩国など、主として西日本にある航空隊を抽出して第一二航空戦隊を編成し、また、大和、鹿島、鈴鹿など東日本所在の航空隊で第一三航空戦隊をつくった。

そして、一二航戦は五航艦に入れて主に南九州に配備し、一三航戦は三航艦の麾下で関東方面に配備したのだ。

軍令部では、本土防衛作戦のためには、極力、戦闘も一元的に統制する必要あり、と考えた。そのため、それまで鎮守府や艦隊付属でバラバラに所属していた二〇三空、三四三空、三三二空、三五二空で第七二航空戦隊を新編し、第五航空艦隊に編入している。

ついで、筑波空と三〇三空、二五二空とで七一航戦を編成し、第三航空艦隊に所属させた。いずれも、五月下旬から六月初旬にかけての組織がえだった。

さらに八月一日、第三二航空戦隊が編成された。こちらは、敵機動部隊に夜間雷撃をかけるのが専門で、偵察機の六三四空、「銀河」の七六二空、「天山」の九三一空で成り立っていた。所属は第五航空艦隊である。

前年の一九年に、空地分離制採用で各航空隊は航空戦隊からはずし、艦隊長官が直率して作戦することに改められていた。が、またここで、その思想に変化が生じたようである。

「連合航空艦隊」実現せず

そんな五月末、大本営海軍部の目には、沖縄の運命がきまるのもそれほど遠くない、敵が本土に手をかけてくるのは七、八月ころではないかとうつりだした。

そして、その決戦のとき、ぜひとも必要なのは全海軍航空部隊の統一指揮である、と海軍部は考えたのだ。

すなわち、第三、第五、第一〇航空艦隊を傘下におく「連合航空艦隊」の創設を検討しはじめた。しかし、この案には海軍部のなかにも反対論があり、一時停頓していた。屋上屋をかさねるとの、批判であったらしい。だが七月に入って、決号航空作戦体制をととのえるためには急速実現の要があると、論が再燃しだしたのである。

当時、はじめに予想していたより本土決戦時期が後へズレ込み、敵の進攻は西部の南九州だけでなく、東部をあわせた二正面で同時におこなわれる可能性も高まっていた。となると、関東や東海、東北方面の航空基地を急速に強化しなければならなかったが、現状の航空部隊編制はこれに適していなかった。

かつ決戦時に、第三、第五、第一〇航艦長官のうち、宇垣纏五航艦長官がたんに先任者だからといって、九州の遠方から三コ艦隊ぜんぶを統制、指揮するのははなはだ困難である、……などの考慮から、以上の艦隊に一二航艦をもふくめ、連合航空艦隊を建制のフリートとして編成し、司令長官に宇垣中将が任命されることになったのだ。

三航艦は対機動部隊兵力として、五航艦は本土西部にくる攻略部隊にたいし、一〇航艦はおなじく東部に来攻する敵と戦い、また一二航艦は搭乗員養成の役割りをになうことに定められた。

だが、機動部隊攻撃が主務とされた三航艦は兵力が劣勢であり、戦略・戦術的用法もむずかしいため、連合航空艦隊長官が直率したほうがよいということになった。そこで、宇垣中将は第三航空艦隊司令長官の兼務も予定された。

八月一〇日前後、この一連の人事異動にかかわる内報電報が飛びかった。しかし、一五日に終戦となったため、連合航空艦隊（ＲＡＦ）案は実現を見ないで終わったのである。

洋上「回天戦」開始

昭和二〇年初夏のころ、軍令部の首脳者たちは第六艦隊の幹部連に「頼みとするのは、飛行機と潜水艦だけだ。しっかり頑張ってもらいたい」と、ハッパをかけていたらしい。

このじぶんになると、レーダーや逆探など、電波兵器も十分に使いこなせるようになっており、わが潜水艦もそうとう自信をもって戦いにのぞめる域に達していた。それまでは、優秀なソナーやレーダーを駆使してのしかかってくる敵の対潜制圧艦艇はもっとも苦手とするところだった。

「回天」を搭載して光基地を出撃する伊361潜

しかも、潜航中の潜水艦から、人間魚雷「回天」の洋上発進が可能になり、搭乗員の練度が向上してくると様相は変わってきた。自由に方向変換のきく「回天」で、逆に反撃撃沈できるようになったのだ。それだけでなく、魚雷の有効射程外を航走する敵艦船も仕留められる。また、大輸送船団にたいし、魚雷と「回天」の両刀使いで、一挙に多数隻の首級をあげることが可能になった。

だが、いままでに潜水艦隊のこうむった傷手はあまりにも深かった。出る艦、出るフネが帰ってこないので、あるのは建造したばかりで、訓練中のものが多かった。したがって、「決号作戦」のため、直接本土防衛戦に充当を予定された潜水艦は、量、質ともに淋しいかぎりであった。

六艦隊でめだつ最新艦は、「潜高大《せんたか》」と通称される水中高速大型潜水艦だ。「伊二〇一」「伊二〇二」「伊二〇三」の三隻で、水上排水量一〇七〇トン、当初、水中速力二五ノットをめざしたが、実際の速力は一八ノット程度だったようだ。

同様な高速潜水艦で「潜高小」といわれた小型艦の「波二〇一」「波二〇二」「波二〇三」「波二〇四」「波二〇五」「波二〇七」「波二〇八」「波二〇九」「波二一〇」の九隻が、五月三一日から八月初旬にかけ、つぎつぎに竣工するとこれらも第六艦隊に編入された。三七〇トン、乗員数二六名、搭載魚雷も四本にすぎないポケット艦だったが、いざというとき、水中約一四ノットの高速を出せるのがメリットであった。

あとは「伊一五六」「伊一五七」「伊一五八」「伊一五九」「伊一六二」の海大型・旧式潜五隻だ。水上排水量一五〇〇〜一六〇〇トンの、昭和初期につくられた艦である。そのため、戦争中期以降は練習艦として働き、さらに九州、四国から伊豆、房総にかけて設置された回天基地への「回天」輸送に従事していた。だが、戦力拡充のため、七月ごろから自艦より「回天」を発進できるよう改造に入ったが、「回天」との協同訓練や整備中に終戦になってしまった。

そして、これらの潜水艦は主に水上特攻部隊の作戦区域の外で、敵機動部隊、攻略部隊を攻撃するのを任務としてあたえられていた。当時のわが海上部隊で、専守防御作戦だけでなく、たとえ細ぼそだったとはいえ、攻勢態勢のとれるのは第六艦隊をのぞいて他にはなかったのだ。

「伊三六」「伊三六一」「伊三六三」潜水艦で回天特別攻撃隊「轟隊」が編成され、五月下旬から六月、マリアナ諸島と沖縄の中間海域に出撃している。これらの艦は回天戦、魚雷戦によって輸送船、駆逐艦撃沈の戦果をあげた。ついで、七月中旬から八月はじめにかけ、回天特別攻撃隊「多聞隊」が沖縄東方海面へ進出する。「伊五三」「伊五八」「伊四七」「伊三六七」「伊三六六」「伊三六三」の六隻だったが、なかでもクリーン・ヒットになったのは、「伊五八」の雷撃による米重巡「インディアナポリス」の撃沈だった。この艦には、三発目の原子爆弾が積んであったのだという。

多聞隊は、ほかに大型輸送船四隻、駆逐艦一隻を撃沈している。

「潜水隊」は一七年八月いらい、それまでの三隻編成から六隻に増えていた。前にも書いたところだが、〃司令不要論〃の影響であった。その後も潜水艦の被害は大きく、要修理艦が続出するのに反し、戦局は一隻でも多く第一線に出撃させることを要求していた。

そのため隊の編制と関係なく動ける艦は出動するようになり、隊の従来編制はしだいにくずれていった。多いものでは十数隻で潜水隊を編成したり、あるいは隊を編成せず、単独で艦隊に付属される様相になってきた。

したがって、潜水戦隊の在り方すら変わってきた。

轟隊、多聞隊で出撃した潜水艦は、いずれも第一五潜水隊に属していたが、同隊は潜水戦隊には入らず、14表（二五〇頁）に示したように第六艦隊長官に直属していた。終戦時の第一五潜水隊はさらに増え、一七隻編制で艦隊内では最大の隊、戦前の二コ潜水戦隊ぶんほどの多数艦をかかえていた。

総力をあげて特攻配備

「全軍特攻」を決意した海軍は、航空と潜水艦の総力を特攻化したが、さらに水上特攻隊、水中特攻隊を編成して本土決戦にそなえた。使用する兵器は体当たりモーターボートの「震洋」、魚雷二本搭載・五人乗りの小潜水艇「蛟龍」、艇首に爆薬をそなえ水中翼をもつ二人乗り潜航艇「海龍」、それに、陸上基地から発進する人間魚雷の「回天」だ。

これらの兵器と、それぞれの要員を組み合わせて震洋隊、蛟龍隊……を編成すると、「突撃隊」と名づけた部隊に編入する。さらに、突撃隊数隊より成る「特攻戦隊」を編成して、各鎮守府、各警備府に所属させたのだ。

性格上、激しい消耗の予想される部隊だったが、戦力発揮を容易にし、敵に強烈な打撃をあたえるには、精神的な結びつきがぜひ必要である。ために、部隊は一時的な寄せ集めでなく、建制化された。特攻戦隊は、本土決戦においては航空部隊とともに、すでに海軍の主戦兵力になっていた。

とりわけ重点的に、これらの戦隊が配置されたのは横須賀、佐世保、呉鎮守府管下だった。横鎮には第一、第四、第七特攻戦隊、佐鎮には第三、第五特攻戦隊、呉鎮には第二、第八特攻戦隊がはりつけられたが、敵上陸方面を予想するとき、当然の配備だったろう。

それから今ひとつ、以上のような鎮守府部隊、警備府部隊として指定された担任海面の作戦だけを受けもつのではない、連合艦隊直属の「第一〇特攻戦隊」が編成された。

「第一〇一突撃隊」と「波一〇九」潜水艦の組み合わせでできた部隊だったが、目的は「……相当の機動力を以て移動集中可能な甲標的（蛟龍のこと）を主として決戦海域に急速集中」させて戦うことにあった。さしずめ〝遊撃特攻戦隊〟といったところだ。

が、とにかく生起必至と予想されている戦いは、本土での戦闘である。できるだけ敵を海上、水際で撃滅し、攻略軍を陸上にあげさせないようにする算段が必要だった。

そのため、航空特攻もそうだったが、水上、水中特攻は攻撃首位目標を輸送船においていた。機動部隊にたいしては、上陸船団への有効な直掩をさまたげる程度にとどめると、トーンダウンしていた。

だから、突撃隊の目標配分ではどの兵器も狙いの第一番は輸送船で、「蛟龍」と「回天」にだけ、空母、戦艦も目標選定順位のなかに入れられていた。

しかし、これほどまでにして全軍特攻をかけても、敵の六、七割ぐらいは上陸を許してしまうだろうと、軍令部で判断していたようだ。

敗戦により米軍の管理下におかれた「長門」

いっぽう、戦艦「大和」以下が沖縄へ海上特攻隊として出撃したあと、のこった海上部隊も、飛行機や潜水艦が全力で特攻戦を戦い、水上、水中特攻隊が本土各要地で邀撃配備についたのを、漫然と見ていたわけではなかった。

五月二〇日に、第三一戦隊を主体に「海上挺身部隊」を編成していた。おもに夜間行動で敵上陸点へ向かい、航空部隊の攻撃に呼応しながら作戦するのを主眼とされた。七月中旬時の部隊編制は、駆逐艦「花月」、第四一、第四三、第五二駆逐隊、それから軽巡「北上」、駆逐艦「波風」である。

各駆逐艦には「回天」一～二基、「花月」だけは八基を搭載、できるかぎり来襲部隊に近接して「回天」を発進させたあと、こんどはみずから敵輸送船団をもとめ、夜戦を挑んで決戦するという構想だった。

しかし、この部隊も逼迫した燃料事情のため、もっぱら呉ふきんで碇泊訓練を余儀なくされ、十分な行動訓練はできなかった。

こうして昭和二〇年盛夏、日本海軍は総力をあげて特攻配備につき、本土決戦にそなえていた。だが、わが国はポツダム宣言を受諾する。決号作戦は「警戒」のみで、「発動」されることなく降伏した。もう一度、17表を見ていただきたい。終戦時のGFは、開戦時とはうってかわった姿になりはてていた。

機動性をもつ水上艦隊はまったくなかった。こんなになるまで、体をすり潰して艦隊は戦ったのだが、その甲斐はなかった。

世界に誇った、あのバランスのとれた連合艦隊の雄姿は、完全に消えてしまったのである。

あとがき

太平洋戦争まえ、日本海軍の艦隊は〝ウェル・バランスト・フリート〟だと好評を得ていた。ワシントン会議による軍縮条約で、主力艦の勢力比は米英それぞれの六割に抑えられたとはいえ、戦艦を頂点として空母、巡洋艦以下補助艦の裾野が十分にひろがった、均勢のとれた艦隊だったからだ。

しかし、均衡艦隊といっても、それは連合艦隊の内部を眺めたときにのみ当てはまる言葉であった。

第一次世界大戦では日清、日露戦役と異なり、たんに武力だけでなく工業力、資源力、経済力が戦争の動向を大きく左右するようになった。そんな基盤戦力を確保、活用するための海上輸送の意義はきわめて大きい。そして、旧来の制海権と関係なく、それに重大な脅威を与えたのが新たに出現した潜水艦であった。海軍は、艦隊決戦にさえ勝利すれば万事が決するという時代ではなくなり出した。だが、日本海軍はこの変化に気づくのに遅れたようである。

その欠陥が、太平洋戦争にもろに出てしまった。護衛兵力の整備施策に欠けていたため、海上交通路が著しく破壊されて足元が崩れた。艦隊決戦にそなえる連合艦隊と、海上交通を保護する護衛艦隊の二本柱が確立されていてこそ、昭和の日本海軍はバランスのとれた艦隊をもっていたと、いえるのではあるまいか。

それはそれとして、水上・水中艦隊は鋼鉄のかたまり、空中艦隊はジュラルミンのかたまり……。こういう〝固い〟集合体の組織やら制度の話を、抵抗なく読者に聴いていただくにはどうしたらよいのだろう。いくぶんでも、ソフトな感じにと、〝背広《スーツ》着てるがノーネクタイ〟ていどの文体にしたつもりだが、筆者の意図は達せられたであろうか。明治、大正、昭和のわが艦隊の成り立ち、興亡を四百数十頁のなかに圧縮した。語り足りなかったところや誤りがあるかもしれない。そのような発見をなされたら、ぜひご指摘、ご教示をお願いする。

さて、本書の完成にはたくさんの方がたのご尽力を仰いだ。光人社牛嶋義勝出版部長からは、いつもながら多大のご配慮があった。また、この〝物語〟は『丸』誌に連載されたものに、さらに加筆して単行本化した。連載は四年以上におよんだが、こんな長期間の執筆を竹川真一編集長はお許し下さった。以上の方がたをはじめお世話になった関係の皆様へ、末尾になったがここに厚く御礼申し上げる次第である。

平成十年七月

雨倉孝之

単行本　平成十年八月刊「海軍フリート物語　上下」改題　光人社刊

NF文庫

海軍フリート物語［激闘編］

二〇一九年七月二十日　第一刷発行

著　者　雨倉孝之

発行者　皆川豪志

発行所　株式会社　潮書房光人新社

〒100-8077　東京都千代田区大手町一-七-二

電話／〇三-六二八一-九八九一(代)

印刷・製本　凸版印刷株式会社

定価はカバーに表示してあります

乱丁・落丁のものはお取りかえ致します。本文は中性紙を使用

ISBN978-4-7698-3127-3　C0195

http://www.kojinsha.co.jp

NF文庫

刊行のことば

第二次世界大戦の戦火が熄《や》んで五〇年――その間、小社は夥しい数の戦争の記録を渉猟し、発掘し、常に公正なる立場を貫いて書誌とし、大方の絶讃を博して今日に及ぶが、その源は、散華された世代への熱き思い入れであり、同時に、その記録を誌して平和の礎とし、後世に伝えんとするにある。

小社の出版物は、戦記、伝記、文学、エッセイ、写真集、その他、すでに一、〇〇〇点を越え、加えて戦後五〇年になんなんとするを契機として、「光人社NF(ノンフィクション)文庫」を創刊して、読者諸賢の熱烈要望におこたえする次第である。人生のバイブルとして、心弱きときの活性の糧《かて》として、散華の世代からの感動の肉声に、あなたもぜひ、耳を傾けて下さい。

＊潮書房光人新社が贈る勇気と感動を伝える人生のバイブル＊

ＮＦ文庫

特攻隊長のアルバム
白石 良

B29に体当たりせよ 「屠龍」制空隊の記録

帝都防衛のために、生命をかけて戦い続けた若者たちの苛烈なる日々——一一五〇点の写真と日記で綴る陸軍航空特攻隊員の記録。

戦場における小失敗の研究
三野正洋

勝ち残るための究極の教訓

敗者の側にこそ教訓は多く残っている——日々進化する軍事技術と、それを行使するための作戦が陥った失敗を厳しく分析する。

ゼロ戦の栄光と凋落
碇 義朗

高性能にこだわり過ぎた戦闘機の運命

日本がつくりだした傑作艦上戦闘機を九六艦戦から掘り起こし、証言と資料を駆使して、最強と呼ばれたその生涯をふりかえる。

海軍ダメージ・コントロールの戦い
雨倉孝之

損傷した艦艇の乗組員たちは、いかに早くその復旧作業に着手したのか。打たれ強い軍艦の沈没させないためのノウハウを描く。

連合艦隊とトップ・マネジメント
野尻忠邑

太平洋戦争はまさに貴重な教訓であった——士官学校出の異色のベテラン銀行マンが日本海軍の航跡を辿り、経営の失敗を綴る。

スピットファイア戦闘機物語
大内建二

イギリス国民が讃える救国の戦闘機

非凡な機体に高性能エンジンを搭載して活躍した名機の全貌。構造、各型変遷、戦後の運用にいたるまでを描く。図版写真百点。